SÉRIE SUSTENTABILIDADE

Sustentabilidade dos Oceanos

Blucher

SÉRIE SUSTENTABILIDADE

JOSÉ GOLDEMBERG
Coordenador

Sustentabilidade dos Oceanos

VOLUME 7

SÔNIA MARIA FLORES GIANESELLA
FLÁVIA MARISA PRADO SALDANHA-CORRÊA

Sustentabilidade dos oceanos
© 2010 Sônia Maria Flores Gianesella
Flávia Marisa Prado Saldanha-Corrêa
Editora Edgard Blücher Ltda.

Blucher

Rua Pedroso Alvarenga, 1.245, 4º andar
04531-012 – São Paulo – SP – Brasil
Tel.: 55 (11) 3078-5366
editora@blucher.com.br
www.blucher.com.br

Segundo Novo Acordo Ortográfico, conforme 5. ed. do *Vocabulário Ortográfico da Língua Portuguesa*, Academia Brasileira de Letras, março de 2009.

Ficha Catalográfica

Gianesella, Sônia Maria Flores
Sustentabilidade dos oceanos / Sônia Maria Flores Gianesella, Flávia Marisa Prado Saldanha-Corrêa. -- São Paulo: Blucher, 2010. -- (Série sustentabilidade; v. 7 / José Goldemberg, coordenador)

ISBN 978-85-212-0577-7

1. Biodiversidade marinha 2. Biomassa 3. Ecossistemas 4. Equilíbrio 5. Ecologia marinha 6. Desenvolvimento sustentável 7. Fundo marinho - Exploração 8. Oceanos I. Saldanha-Corrêa, Flávia Marisa Prado. II. Goldemberg, José. III. Título. IV. Série.

10-12158 CDD-551.460709162

Índices para catálogo sistemático:
1. Oceano: Ecossistema marinho 551.460709162
2. Sustentabilidade dos oceanos: Ecossistema marinho 551.460709162

Apresentação

Prof. José Goldemberg
Coordenador

O conceito de desenvolvimento sustentável formulado pela Comissão Brundtland tem origem na década de 1970, no século passado, que se caracterizou por um grande pessimismo sobre o futuro da civilização como a conhecemos. Nessa época, o Clube de Roma – principalmente por meio do livro *The limits to growth* [*Os limites do crescimento*] – analisou as consequências do rápido crescimento da população mundial sobre os recursos naturais finitos, como havia sido feito em 1798, por Thomas Malthus, em relação à produção de alimentos. O argumento é o de que a população mundial, a industrialização, a poluição e o esgotamento dos recursos naturais aumentavam exponencialmente, enquanto a disponibilidade dos recursos aumentaria linearmente. As previsões do Clube de Roma pareciam ser confirmadas com a "crise do petróleo de 1973", em que o custo do produto aumentou cinco vezes, lançando o mundo em uma enorme crise financeira. Só mudanças drásticas no estilo de vida da população permitiriam evitar um colapso da civilização, segundo essas previsões.

A reação a essa visão pessimista veio da Organização das Nações Unidas que, em 1983, criou uma Comissão presidida pela Primeira Ministra da Noruega, Gro Brundtland, para analisar o problema. A solução proposta por essa Comissão em seu relatório final, datado de 1987, foi a de recomendar um padrão de uso de recursos naturais que atendesse às atuais necessidades da humanidade, preservando o meio ambiente, de modo que as futuras gerações poderiam também atender suas necessidades. Essa é uma visão mais otimista que a visão do Clube de Roma e foi entusiasticamente recebida.

Como consequência, a Convenção do Clima, a Convenção da Biodiversidade e a Agenda 21 foram adotadas no Rio de Janeiro, em 1992, com recomendações abrangentes sobre o novo tipo de desenvolvimento sustentável. A Agenda 21, em particular, teve uma enorme influência no mundo em todas as áreas, reforçando o movimento ambientalista.

Nesse panorama histórico e em ressonância com o momento que atravessamos, a Editora Blucher, em 2009, convidou pesquisadores nacionais para preparar análises do impacto do conceito de desenvolvimento sustentável no Brasil, e idealizou a *Série Sustentabilidade*, assim distribuída:

1. **População e Ambiente: desafios à sustentabilidade**
   Daniel Joseph Hogan/Eduardo Marandola Jr./Ricardo Ojima
2. **Segurança e Alimento**
   Bernadette D. G. M. Franco/Silvia M. Franciscato Cozzolino
3. **Espécies e Ecossistemas**
   Fábio Olmos
4. **Energia e Desenvolvimento Sustentável**
   José Goldemberg
5. **O Desafio da Sustentabilidade na Construção Civil**
   Vahan Agopyan/Vanderley Moacyr John
6. **Metrópoles e o Desafio Urbano Frente ao Meio Ambiente**
   Marcelo de Andrade Roméro/Gilda Collet Bruna
7. **Sustentabilidade dos Oceanos**
   Sônia Maria Flores Gianesella/Flávia Marisa Prado Saldanha-Corrêa
8. **Espaço**
   José Carlos Neves Epiphanio/Evlyn Márcia Leão de Moraes Novo/Luiz Augusto Toledo Machado
9. **Antártica e as Mudanças Globais: um desafio para a humanidade**
   Jefferson Cardia Simões/Carlos Alberto Eiras Garcia/Heitor Evangelista/Lúcia de Siqueira Campos/Maurício Magalhães Mata/Ulisses Franz Bremer
10. **Energia Nuclear e Sustentabilidade**
    Leonam dos Santos Guimarães/João Roberto Loureiro de Mattos

O objetivo da *Série Sustentabilidade* é analisar o que está sendo feito para evitar um crescimento populacional sem controle e uma industrialização predatória, em que a ênfase seja apenas o crescimento econômico, bem como o que pode ser feito para reduzir a poluição e os impactos ambientais em geral, aumentar a produção de alimentos sem destruir as florestas e evitar a exaustão dos recursos naturais por meio do uso de fontes de energia de outros produtos renováveis.

Este é um dos volumes da *Série Sustentabilidade*, resultado de esforços de uma equipe de renomados pesquisadores professores.

Referências bibliográficas

MATTHEWS, Donella H. et al. *The limits to growth*. New York: Universe Books, 1972.

WCED. *Our common future*. Report of the World Commission on Environment and Development. Oxford: Oxford University Press, 1987.

Prefácio

Sônia Maria Flores Gianesella
Flávia Marisa Prado Saldanha-Corrêa

Apesar de os oceanos cobrirem dois terços da superfície terrestre e terem papel fundamental tanto no funcionamento do sistema global, quanto na economia, por meio do fornecimento de recursos vivos e não vivos ao homem, e para sociedade, ainda são relativamente pouco conhecidos. Além disso, os oceanos têm sofrido, direta e indiretamente, os impactos da ação do homem, de tal forma generalizados, que suas consequências indesejadas começam a surgir também globalmente, como alterações na capacidade de regulação climática, nos ciclos biogeoquímicos, na perda de diversidade, na capacidade de produção de biomassa, dentre outros.

Nesse contexto, os desafios de governança com os quais a sociedade se defronta são inúmeros, tanto em função dessa relativa falta de informações sobre os oceanos, como pela complexidade inerente ao sistema. A cooperação entre ciência e política é cada vez mais necessária e os esforços realizados nesse sentido têm sido grandes, mas ainda insuficientes para atender à urgência das demandas. As questões ligadas à governança são, por natureza, multi e interdisciplinares: ultrapassam as questões biofísicas do ambiente, para envolver aspectos econômicos e sociais e, muitas vezes, dependem de novas posturas no campo ético e político.

Este volume representa uma introdução às questões de sustentabilidade dos oceanos, às formas de cooperação entre as ciências do mar e governança na arena internacional, apontando aspectos de caráter ecológico, econômico e social que têm sido objeto dos diversos atores envolvidos com as questões.

Por meio de uma linguagem acessível, este livro pretende introduzir o leitor a uma abordagem interdisciplinar da questão da sustentabilidade dos oceanos, bem como apontar os grandes desafios de governança que ainda demandam enfrentamento.

Conteúdo

Você não pode prever que mito está para surgir, assim como não pode prever o que irá sonhar esta noite. Mitos e sonhos vêm do mesmo lugar. Vêm de tomadas de consciência de uma espécie tal que precisam encontrar expressão numa forma simbólica. E o único mito de que valerá a pena cogitar, no futuro imediato, é o que fala do planeta, não da cidade, não deste ou daquele povo, mas do planeta e de todas as pessoas que estão nele.

Joseph Campbell, *O poder do mito*

1 Introdução

A imagem fotográfica da Terra flutuando no espaço é um signo novo na história humana e coincidiu com o período em que o homem começou a se defrontar com os impactos causados pelas suas ações: a desertificação; a extinção de inúmeras espécies de organismos; os desequilíbrios ambientais gerados pela introdução, voluntária ou não, de organismos exóticos; as chuvas ácidas contaminando o solo, águas continentais e oceanos, e reduzindo o crescimento, bem como a produtividade dos vegetais; a poluição de lagos, rios e mares por agrotóxicos, fertilizantes e outras substâncias sintetizadas pelo homem levando à intoxicação dos organismos; os processos de eutrofização de larga escala em lagos, rios, baías e mares, causando a redução de oxigênio e morte de organismos aquáticos; o aumento da emissão de gás carbônico e gases tóxicos para atmosfera, além de desequilíbrios na química do solo que provocam a elevação das concentrações de metano, promovendo um aumento do efeito estufa na Terra, entre inúmeros outros exemplos. Essa imagem mostra a Terra sem suas divisões em Nações ou Estados e tem colaborado para aumentar a consciência da unicidade do planeta e da interdependência entre o homem e a natureza.

Foi nesse contexto que emergiu a consciência da necessidade de gerir a conduta humana de forma a impedir a degradação do ambiente e da vida, tornando imperativo o surgimento de uma ordem ambiental internacional, posto que os impactos gerados localmente ultrapassavam limites geopolíticos e afetavam populações distantes.

Convenções e tratados sobre conservação e uso dos recursos oceânicos foram dos primeiros a reunir maior número de países, justamente em função da ausência de barreiras geográficas entre as águas oceânicas, que fazem fronteira com muitos países, da dinâmica das correntes marinhas e das migrações dos organismos vivos que nelas habitam, que representam importante recurso econômico. Assim, em 1931 foi criada a Convenção para a Regulamentação da Pesca da Baleia, modificada em nova convenção, em 1946. Em 1958, foram criadas a Convenção sobre Pesca e Recursos Vivos do Mar e a Convenção sobre o Alto Mar; em 1959, a Convenção sobre Pesca no Atlântico Norte e a Convenção sobre Pesca no Atlântico Noroeste (RIBEIRO, 2001).

O Tratado Antártico (de dezembro de 1959), por exemplo, levou os países a considerar a tradição na exploração pesqueira da Antártica na definição de fronteiras para exploração, principalmente da pesca da baleia e do *krill*. Entretanto, outro princípio máximo considerado no tratado foi o Princípio da Segurança, que implica a intenção de evitar um conflito na região com possíveis consequências catastróficas nos processos naturais da Terra (CONTI, 1984). Esse princípio, na verdade, acabou dando suporte à ideia de um intercâmbio de conhecimento sobre a região entre os países signatários do tratado e priorizando a construção de infraestrutura de apoio científico e uma diplomacia que tem postergado a questão de fronteiras territoriais e a exploração de recursos. É bem verdade que o término da Guerra Fria facilitou a consolidação da ideia da Antártida como território a ser estudado antes de ser explorado economicamente, e a sua "ocupação" por cientistas também tornou as questões de segurança ambiental referentes a esse continente menos sujeitas a pressões de ocupação territorial. Villa (1994), por exemplo, afirma que a ocupação por cientistas gerou o desenvolvimento de uma consciência de que as consequências de uma exploração econômica sem conhecimento da dinâmica natural daquele continente seriam imprevisíveis, podendo afetar todo o planeta. Sob esse aspecto, Ribeiro (2001) enfatiza que a Antártida representa atualmente a expressão máxima do desenvolvimento de uma mentalidade voltada à segurança ambiental internacional.

A população humana cresceu enormemente no último século, e esse crescimento se deu principalmente em regiões urbanas, distanciando o homem do contato direto com a natureza, com a terra e os ciclos da vegetação, e com o céu noturno, embaçado pela poluição dessas regiões.

O homem urbano perdeu a noção de que a água vem de uma nascente (surgida em região protegida por vegetação e não nascida nas torneiras) e de que os rios se deterioram ao receber os dejetos que escoam pelos ralos. Já não obtém por si mesmo o seu alimento do dia a dia. Perdeu a noção de que os vegetais que o alimentam provêm da terra e, ainda hoje, apesar de todas as melhorias genéticas, seguem um ciclo das estações para sua produção, pois os mercados globalizados apresentam sempre os alimentos nas prateleiras, não importa quão distante precisem ser buscados. O homem urbano se esqueceu que, mesmo ao retirar delicadamente, das prateleiras refrigeradas do supermercado, pedaços embalados de carne, por natureza, ainda é um predador.

Em sua evolução, através da pré-história e história, o homem caçador e nômade fazia oferendas aos deuses zoomórficos, pois precisava ter a sua força, astúcia e velocidade para conseguir a caça; o homem agricultor fazia oferendas às deusas da fertilidade, pois precisava das graças da terra para conseguir o alimento. O homem urbano, para conseguir seu alimento, precisa do dinheiro. E o dinheiro não é um deus, não se preocupa com a capacidade da Terra em suportar a contaminação que o homem está produzindo para obter mais dinheiro. É preciso então, uma nova ética para enfrentar as mudanças que estão ocorrendo pela industrialização, pela urbanização acelerada e pela busca indiscriminada por recursos energéticos e minerais não renováveis.

Referências bibliográficas

CONTI, J. B. A Antártida e o interesse brasileiro. *Revista Orientação*. São Paulo, n. 5, p. 61-67, 1984.

FONT, J. N.; RUFÍ, J. V. *Geopolítica, identidade e nação*. São Paulo: Annablume, 2006.

RIBEIRO, W. C. *A ordem ambiental internacional*. São Paulo: Contexto Acadêmica, 2001.

VILLA, R. D. Segurança internacional: novos atores e ampliação da agenda. *Lua nova*, São Paulo, n. 34, p. 71-86, 1994.

2 A ciência, o cenário político e o oceano

A ligação do homem com o oceano é intrínseca: o ser humano é constituído fundamentalmente por água, coincidentemente ou não, em proporções similares às do oceano em relação à superfície da Terra, isto é, cerca de 70%. Além disso, os fluidos que percorrem nosso corpo apresentam uma concentração de sais similar à dos oceanos, decorrente da evolução de espécies marinhas que ocuparam os continentes e a manutenção de um fluido interno similar ao do meio original. Não é, pois, sem fundamentos, que o homem, de modo universal, possui ligações espirituais profundas com a água, como se verifica pelas inúmeras religiões ao redor do mundo que a utilizam como meio de purificação espiritual ou a associam à matéria-prima primordial.

O homem que viveu nas regiões costeiras e que dependeu do mar, inicialmente, como fonte de alimento, e mais tarde, como meio de transporte, sempre teve um conhecimento empírico sobre o oceano, decorrente da observação de suas mudanças em relação às fases da lua, época do ano, condições do tempo, bem como da observação dos reflexos que essas mudanças tinham sobre o estado do oceano e sobre a pesca, e, consequentemente, sua própria vida. Assim, o homem sempre o associou o oceano a mitos que, como tais, colaboraram para o desenvolvimento de práticas sociais e simbólicas para as diferentes culturas dos povos insulares e costeiros.

Historicamente, as regiões costeiras e principalmente os estuários, têm sido os ambientes mais favoráveis à ocupação humana, pois reúnem a disponibilidade de água doce, a riqueza e a produtividade dos ambientes costeiros com a facilidade de transporte e comunicação, de forma que, hoje, cerca de um terço da população mundial vive numa faixa de até 60 km da costa.

Considerando o contexto histórico mais recente – justamente o período em que o ambiente oceânico passou a ser utilizado mais intensivamente e sofrer as maiores modificações –, Vallega (2001) faz uma análise muito didática da evolução do entendimento do papel do oceano no sistema terrestre, na qual distingue os períodos moderno e pós-moderno. Essa proposta tem por base uma teoria que considera diferentes padrões de evolução social e de exploração dos recursos naturais.

A primeira fase compreendeu o período entre 1760 e 1880, quando inovações baseadas principalmente na propulsão a vapor e nos teares mecânicos deram início à sociedade moderna, industrial. A segunda fase iniciou-se dois séculos depois, por meio de uma ampla gama de fatores que incluíram uma nova divisão internacional do trabalho, o crescimento da importância da questão ambiental, a influência das ciências da computação e a tecnologia da informação. Essa fase se consolida no início dos anos 1990, quando a organização da rede mundial de comunicação inaugura a era da globalização. Esse modelo é bastante útil para permitir uma visão holística da evolução da sociedade paralelamente à evolução dos usos dos ecossistemas (Tabela 2.1). Sob essa ótica, a visão da contribuição dos oceanos para o desenvolvimento da sociedade fica mais evidente, bem como o papel que lhe é reservado para o futuro.

TABELA 2.1 – Modelo baseado em estágios

Sociedade	Fases	Duração	Fatores desencadeadores
Moderna	Inicial	1760–1880	Primeira Revolução Industrial
Moderna	Maturidade	1880–1970	Segunda Revolução Industrial
Pós-moderna	Inicial	1970–1990	Desenvolvimento e ambiente
Pós-moderna	Maturidade	A partir dos anos 1990	Globalização

Fonte: Vallega, 2001.

O desenvolvimento da ciência bem como o do conhecimento dos oceanos pode ser associado a Charles Darwin, que publicou, em 1859, *A origem das espécies*, considerada uma das maiores obras produzidas pela humanidade. Essa obra alterou completamente o pensamento hegemônico de que o homem era uma criatura superior às demais espécies, demonstrando que, na verdade, toda matéria viva está interligada por meio do processo evolutivo em função da seleção natural. O desenvolvimento de sua teoria está intimamente ligado ao oceano, pois foi por meio da expedição oceanográfica que realizou a bordo do barco inglês "HMS Beagle", ao redor do globo, durante cinco anos (1831-1836), que encontrou as pistas e conseguiu obter uma visão global e comparativa sobre os organismos, que lhe permitiu desenvolver sua nova teoria.

O oceano Atlântico, por sua vez, pode ser considerado como o epicentro da sociedade moderna. As rotas marítimas, ligando os portos britânicos e do mar do Norte aos portos americanos, representavam as rotas dos principais controladores do comércio marítimo mundial nos séculos XVIII e XIX, demonstrando o papel econômico e político crucial desse oceano no surgimento de um pensamento estratégico e no padrão de exploração do restante dos oceanos mundiais.

A construção do Canal de Suez (1869) foi mais um passo de sucesso no uso estratégico dos oceanos e a elaboração de um atlas dos oceanos, unificando nomenclaturas, por parte da *Royal Geographycal Society*, consolidou a Grã-Bretanha como uma das maiores protagonistas no controle dos oceanos e mares. Durante esse período, os oceanos começaram a ser estudados em relação às características da coluna de água, do leito oceânico e de localização de seus recursos vivos, sendo que o processo atingiu seu ápice quando, em 1872, a expedição *Challenger* navegou 70.000 mn, recolhendo uma quantidade sem precedentes de informação oceanográfica através dos oceanos, e estabelecendo as bases de uma nova ciência dos oceanos (DEACON, 1973). Na segunda metade do século XIX, também foram lançados cabos telegráficos submarinos, formando uma rede entre oceanos e mares, de tal forma que os oceanos representaram o primeiro espaço de comunicação de longa distância. Nesse mesmo período, as embarcações passaram por um processo de especialização, sendo construídas embarcações específicas para transportes de líquidos e sólidos, separadamente, já como decorrência do desenvolvimento industrial em curso. Também foi verificada uma evolução no sistema de propulsão, com a construção de sistemas de turbina a vapor, substituídas em 1919 por motores com propulsão a diesel, até que, em 1906, foi lançada a primeira embarcação para navegação submarina (VALLEGA, 2001).

A industrialização, iniciada no período moderno, originou transformações ambientais provocadas pelo homem em proporções jamais alcançadas, tanto pelos requisitos energéticos quanto pela busca de matérias-primas, mas a sociedade ainda não tinha consciência das consequências desse processo em escala global. Foi nesse período, por exemplo, que se iniciou o aumento significativo da emissão de gases contaminantes na atmosfera, pela queima de combustíveis fósseis, inicialmente carvão, e posteriormente também gás e óleo. Começou a ocorrer também a contaminação das águas e do solo por metais pesados, inseticidas e fertilizantes, entre outros. O aumento das concentrações de gás carbônico, por exemplo, foi registrado por Charles Keeling, no Havaí a partir de 1958 e se tornou um dos registros mais clássicos e incontestáveis do impacto antrópico em escala global. Na Figura 2.1 é possível verificar também as concentrações da época pré-industrial medidas a partir de amostras de gelo.

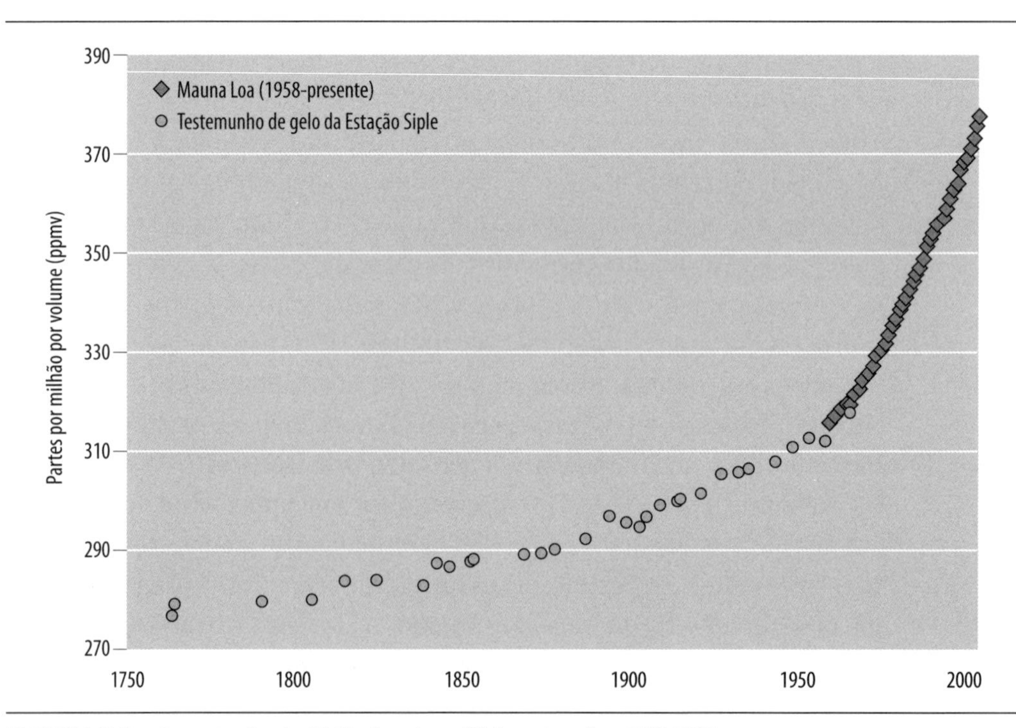

FIGURA 2.1 – Concentrações de dióxido de carbono (CO_2) na atmosfera, 1750-2000.
Fonte: Modificada de: Baumert, K. A.; Herzog, T.; Pershing, J. (2005). Baseada em Neftel et al. (1994); Keeling; Worf (2005).

O processo de alteração do ambiente natural se intensificou em tal escala e intensidade que Paul Crutzen, ganhador do prêmio Nobel de Química em 1995, propôs a criação do termo "antropoceno" para denominar uma era geológica contemporânea, que teria início no século XIX, em função de rápidas transformações no ambiente terrestre produzidas pelo homem, cujo principal indicador seria a alteração na quantidade de gás carbônico, passando de 280 ppm, há cerca de 200 anos, para 383 ppm, na atualidade (IPCC, 2007; TANS, 2010). Apesar não ter um "status" científico, por não ter sido ratificado pela União Internacional de Ciências Geológicas, responsável pela padronização dos termos em ciências geológicas, o termo tem ganhado popularidade, pois explicita, de forma pedagógica, a tremenda velocidade das transformações impostas pelo homem à superfície da Terra, aos oceanos e à atmosfera.

Em outubro de 1945, foi criada a Organização das Nações Unidas (ONU ou United Nations, UN) com o objetivo de moderar tensões internacionais, num contexto pós-guerra, principalmente nas questões relativas à falta de alimentos e recursos naturais. Esse órgão passou também a coordenar inúmeras iniciativas voltadas à ordem internacional ambiental. De acordo com Vallega (1992) a FAO (Food and Agriculture Organization), com sede em Roma, pode ser considerada o gérmen das discussões ambientais na ONU.

A gestão e o direcionamento da Ciência são realizados em nível internacional por meio de duas estruturas paralelas, uma constituída por Organizações Intergovernamentais (OIGs) e a outra por Organizações Não Governamentais (ONGs). As OIGs são constituídas por Estados-membros e os indivíduos que participam das reuniões de OIGs representam seus governos nacionais. Consequentemente levam a essas reuniões posições discutidas previamente e de acordo com as políticas e prioridades de cada país. As ONGs, por sua vez, são constituídas por cientistas independentes, sob o princípio da universalidade da ciência, às vezes representando entidades como academias de ciência ou similares. Uma das características mais interessantes das ONGs é que elas apresentam prontidão em relação a novos desafios científicos e podem ser flexíveis em suas opiniões, porque os governos e interesses nacionais não estão diretamente envolvidos. Apesar de tanto a estrutura como a operação das OIGs e ONGs serem distintas, o enfrentamento de problemas globais exige a cooperação entre as duas categorias de organização.

No âmbito da ONU, a Unesco (United Nations Educational, Scientific and Cultural Organization) é o órgão responsável pela ciência. Do lado da sociedade, o ICSU (International Council for Science) é uma ONG voltada à ciência. O ICSU foi fundado em 1931, com a finalidade de promover a atividade científica em diferentes áreas da ciência em benefício da humanidade e é uma das mais antigas ONGs do mundo. Sua criação representou a evolução e expansão de duas antigas entidades, a International Association of Academies (IAA; 1899-1914) e o International Research Council (IRC; 1919-1931). Tanto a Unesco quanto a ICSU mantêm sob sua estrutura diferentes subunidades para tratar de tópicos específicos da ciência.

A instância responsável pelos assuntos dos oceanos na Unesco é a Intergovernmental Oceanographic Commission (IOC), fundada em 1960, e para o ICSU o órgão equivalente é o Scientific Committee on Oceanic Research (Scor), criado em 1957. O IOC e o Scor trabalham em inúmeras atividades conjuntas e complementares. O IOC pode trazer a contribuição dos governos para as deliberações e os resultados das atividades conjuntas podem ser disseminados por meio dos Estados-membros do IOC. ONGs como a Scor estão encarregadas de fornecer tanto o suporte financeiro, por intermédio de várias fontes, como as opiniões independentes da comunidade marítima científica mundial.

Os resultados das atividades conjuntas são submetidos a processos de revisão independente conforme a norma da comunidade acadêmica mundial. A parceria das OIGs e ONGs possibilita trazer especialistas das mais diversas áreas para o trato de questões internacionais e interdisciplinares que seriam difíceis para cada organização tratar de forma individual.

O desenvolvimento das pesquisas oceanográficas foi amplamente favorecido por meio da cooperação internacional patrocinada pela IOC, da Unesco, e pela Scor no período após a segunda guerra. Além disso, a pesquisa oceanográfica desenvolveu-se sob um forte caráter aplicado, na busca de recursos vivos, campos de óleo e gás, minérios, e teve importante papel no desenvolvimento econômico, registrado na publicação da IOC, em 1984, *Ocean science for the year 2000*, quando se enfatizou o papel da oceanografia no desenvolvimento da sociedade moderna.

Nas décadas de 1950 e 1960, a industrialização crescente exigiu inovações no transporte marítimo, como o transporte por contêineres. A partir dos anos 1970, verificou-se também uma tendência ao aumento significativo do tamanho das embarcações, principalmente no que diz respeito a embarcações para transporte de petróleo. Na década de 1970 foram construídos os navios de 1.500 TEUs (Twenty Equivalent Units, *twenty* significando um contêiner de vinte pés de comprimento), os denominados navios de 2ª geração, seguidos por outros de 3.000 TEUs na década de 1980, denominados Panamax[1], até os atuais, que ultrapassam 13.000 TEUs. Outras inovações na área de segurança de navegação, como posicionamento monitorado por satélites e outras técnicas, continuaram a sofrer avanços significativos.

Conforme Vallega (2001), enquanto a navegação e o transporte mercante se desenvolviam, a exploração do ambiente marinho continuou ocorrendo também ao longo do período de maturidade da sociedade moderna em outros setores. Motivada por questões estratégicas nos períodos das guerras, verificou-se o aumento da importância da utilização de submarinos, em consequência da necessidade de informações sobre perfis batimétricos, principalmente das regiões costeiras; no setor de comunicações, iniciou-se a instalação de cabos telefônicos a partir de 1956, cuja utilidade perdurou até o período pós-moderno em virtude do uso na transmissão de documentos (fac-símile) e dados (redes de computador).

A exploração mineral marítima também se desenvolveu muito, a partir da década de 1950, pela mineração em mar profundo, tanto para extração de nódulos de manganês, quanto para exploração de óleo e gás. Paralelamente, nos anos 1960 foi formulada a teoria da tectônica de placas, baseada amplamente na teoria da deriva continental (WEGENER, 1912), o que forneceu uma nova visão a respeito da origem e evolução das bacias oceânicas, da dinâmica da crosta terrestre e das interações entre continentes e oceanos. Vallega (2001) considera que essa teoria efetivamente marcou a transição da era moderna para a pós-moderna, no aspecto da abordagem científica dos oceanos. Ela permitiu não somente fornecer o arcabouço para o entendimento do desenvolvimento e da evolução da vida terrestre, mas também a elaboração de hipóteses sobre processos de mineralização, localização de reservas minerais, conformação dos leitos oceânicos e outras estrutu-

---

[1] O termo Panamax designa os navios que, em virtude de suas dimensões, alcançaram o tamanho limite para passar nas eclusas do Canal do Panamá. Para os padrões atuais, um navio desse tipo é considerado de tamanho médio.

ras geológicas. Em consequência, foi possível a construção intensiva de dutos de óleo e gás. Diversas ilhas e arquipélagos também passaram a ser abastecidos com água proveniente dos continentes, por meio de dutos, o que permitiu uma ocupação mais intensiva desses ambientes.

Ao mesmo tempo, as pesquisas oceanográficas permitiram maior entendimento dos processos que ocorrem na coluna de água e um aprofundamento do conhecimento das interações entre oceano e atmosfera, graças a inovações que propiciaram a obtenção de amostras da coluna de água e do fundo do oceano. Em 1957, a ONU instituiu o Ano Geofísico Internacional (AGI), com o objetivo de estudar aspectos de interesse global do planeta, numa empreitada que reuniu 60 mil pesquisadores de 66 países. Esse projeto foi possível justamente porque se encerrava o período da Guerra Fria, em que as relações Leste-Oeste estiveram comprometidas, mas a China não participou com pesquisadores. O AGI envolveu estudos de 11 áreas das ciências da Terra, inclusive oceanografia, que teve um grande impulso a partir dessa iniciativa, principalmente para os países em desenvolvimento que participaram das expedições. A União Soviética e os Estados Unidos lançaram satélites artificiais para o evento, sendo que o Sputinik-1, da União Soviética, foi o primeiro satélite a conseguir sucesso. Outra realizações envolveram a descoberta do cinturão de Van Allen de proteção da Terra contra radiações, a descoberta da cordilheira meso-Atlântica e a confirmação da teoria de placas tectônicas.

A exploração dos recursos vivos também ganhou grande impulso a partir dos anos 1970, em decorrência de avanços na organização e no manejo pesqueiro, bem como dos progressos na aquicultura.

Conforme apontado por Vallega (2001), no início dos anos 1970, há duas situações que se convertem em protagonistas de inumeráveis foros internacionais: a crise do petróleo, que eclode em 1973, e o crescimento exponencial da população do planeta. A primeira, a crise do petróleo, leva a um questionamento do modelo industrial, colocando em evidência o problema da limitação de recursos; a segunda situação leva ao questionamento dos "limites do crescimento", na expressão surgida no Clube de Roma, instituição criada em 1968 e formada por cientistas, intelectuais e empresários, politicamente independentes. O modelo de organização da sociedade moderna foi ultrapassado e o advento da era pós-moderna, no início dos anos 1970 trouxe consigo novos processos e características. Nesse contexto, o papel dos oceanos no novo arranjo mundial foi disparado a partir de alguns eventos chave, sumarizados na Tabela 2.2.

TABELA 2.2 – Origem e evolução da sociedade pós-moderna – do pensamento à ação		
Fatores e processos inicializadores	Fase inicial (início dos anos 1970 a início dos 1990)	Fase de maturidade (início dos anos 1990 em diante)
Pensamento	Refutação da visão positivista da Terra e visão estruturalista do mundo	Surgimento de novas abordagens para a realidade, essencialmente baseadas na epistemologia da complexidade do sistema global de comunicações
Tecnologia	Técnicas baseadas em ciência da computação e telemática	Sistema global de comunicações
Eventos internacionais	Conferência da ONU sobre Ambiente Humano (1972)	Conferência da ONU sobre Ambiente e Desenvolvimento (Unced, 1992)
Política ambiental	Internacionalização do ambiente	Internacionalização do ecossistema
Economia internacional	Relocação de funções econômicas, particularmente manufatura, de países desenvolvidos para países em desenvolvimento	Globalização da economia

Fonte: Vallega, 2001.

Estando intimamente interligadas, essas categorias de fatores levaram a uma rede de interdependências. As abordagens adotadas pelas Nações Unidas após as Conferências de 1972 (United Nations Conference on the Human Environment – Unche – ou Conferência de Estocolmo) e 1992 (United Nations Conference on Environment and Development – Unced) influenciaram setores manufatureiros, principalmente aqueles vinculados às tecnologias ambientais, os quais, por sua vez, se beneficiaram dos avanços em ciências da computação e de sensores remotos. As ciências da vida também acabaram sendo valorizadas pelas abordagens da ONU e estimularam visões políticas holísticas.

A interação entre os múltiplos elos acabou modificando a percepção do papel dos oceanos no sistema terrestre e provocando o colapso da visão tradicional, bem como a busca por novas perspectivas com relação aos oceanos, a qual pode ser exemplificada por dois eventos no início dos anos 1970: De acordo com Font e Rufí (2006), a Conferência de Estocolmo enfatizou a problemática ambiental como outra faceta das desigualdades Norte-Sul, levando os países do Sul a interpretar as primeiras propostas de políticas de economia energética e de controle de natalidade como instrumentos dos países ricos para manter seu domínio no sistema internacional, freando seu desenvolvimento. Uma hegemonia conseguida, segundo Grasa e Sachs (2000), em grande parte, com a exploração de seus recursos naturais e humanos. As profundas mudanças na economia internacional acabaram levando a uma nova era para os oceanos, com reflexos na terceira Conferência das Nações Unidas sobre os Direitos do Mar (CNUDM, ou Unclos, na sigla em inglês), em 1973.

Um papel crucial na sensibilização das questões ambientais foi desempenhado pela bióloga americana Rachel Carlson, que, com a publicação do livro *Primavera silenciosa*, em 1962, deflagrou o processo de percepção pela sociedade sobre as mudanças ambientais provocadas pela ação do homem. Esse processo culminou com a criação da Environmental Protection Agency (EPA), agência ambiental americana, em dezembro de 1970.

Na avaliação de Vallega (2001), o ano de 1972 foi um momento chave, pois, além da Conferência de Estocolmo, do lançamento de satélites científicos, também foi adotada pelos Estados Unidos a primeira Lei de Gerenciamento Costeiro, o que levou inúmeros outros países a tomarem medidas semelhantes. Isso estimulou a legislação de manejo do oceano em escalas de diferentes níveis, de local a global, promovendo o surgimento, no final dos anos 1980, de consensos entre especialistas em manejo e tomadores de decisão, sobre os conceitos chave de manejo de zona costeira (visando a proteção das orlas e mares costeiros); de manejo oceânico (definido como manejo de mares profundos, além dos limites das zonas jurisdicionais marítimas nacionais); e de manejo regional oceânico (considerado como o manejo de mares fechados ou semifechados, mares marginais e de arquipélagos, isto é, aquelas partes dos oceanos que fazem limite com diversos países e, portanto, são submetidas a intensa pressão humana).

Em 1973, iniciou-se a reunião da Unclos (Third Conference of the Law of the Sea), período em que as nações encontravam-se interessadas em estabelecer e adotar um novo regime de mares nacionais e águas internacionais (BIRNIE, 1993). Isso facilitou o acordo sobre a ampliação das zonas jurisdicionais, uma vez que a proposta ampliava a extensão de áreas oceânicas sob os seus controles, permitindo a exploração legal de recursos vivos e não vivos. Os mares territoriais foram estendidos de 6 para 12 mn, as zonas contíguas para 24 mn, as plataformas continentais foram redefinidas e foram estabelecidas 200 mn como zona econômica exclusiva. Isso levou a uma ampliação de territórios que chega a 27% da superfície oceânica (SMITH, 1986). A proposta foi tão bem recebida politicamente que as nações reclamaram suas zonas jurisdicionais estendidas mesmo antes de a convenção ter sido ratificada formalmente.

Como resultado, quando a Conferência das Nações Unidas sobre os Direitos do Mar (CNUDM) foi concluída, em 1982, com a adoção da Convenção da Lei do Mar das Nações Unidas (UN, 1982), a maioria das normas regulando as jurisdições nacionais no mar já se encontrava em vigor. Entretanto, conflitos entre países desenvolvidos e em desenvolvimento dominaram os esforços para a regulação da exploração dos oceanos, entre 1973 e 1982, pela comunidade internacional, principalmente em relação aos recursos minerais, como óleo e nódulos de manganês no mar profundo.

O terceiro mundo exigia o estabelecimento de uma autoridade internacional dedicada à exploração e distribuição desses recursos para todos, enquanto os países desenvolvidos, liderado pelos Estados Unidos foram contra a proposta. Ao final, a posição dos países em desenvolvimento foi vencedora por maioria dos votos e os países desenvolvidos se negaram a ratificar a Convenção. Esse posicionamento foi revisto somente em 1994, de forma a permitir a efetiva promulgação da Convenção, abrindo-se o caminho para a comunidade internacional cooperar na exploração do leito oceânico. Seria extremamente alentador se essa exploração conjunta viesse a ser efetivada no século XXI, pois representaria um verdadeiro amadurecimento nas posturas das políticas internacionais.

Na década de 1980 também tivemos o estabelecimento da rede mundial de comunicação e a intensificação dos mercados financeiros globais. De acordo com Font e Rufí (2006) o surgimento dos mercados financeiros globais foi o fenômeno que mais gerou análise acerca do tema globalização, talvez em virtude de o mercado único de finanças constituir o mais genuíno produto e motor do novo sistema econômico, e que melhor estaria aproveitando o fato de a sociedade informacional atuar como um todo único em escala global.

Uma consequência desse contexto se traduz na possibilidade de movimentação de capital virtual por meio das tecnologias de informação. Como consequência, o controle e a participação dos lucros por parte dos Estados ficam prejudicados, levando a uma distorção das economias e perda de soberania dos Estados, pois é a rede global do mercado financeiro que controla a economia. Pode-se afirmar que essa condição foi a própria origem da crise financeira e econômica que o mundo enfrenta atualmente.

Nesse contexto, a Unesco cria o Man and Biosphere Programme (MAB), em 1970, por meio do qual, pela primeira vez, foi adotada uma abordagem holística entre organizações sociais e ecossistemas, resultando numa percepção do ecossistema como um todo. Esse programa foi essencial para o estabelecimento de uma nova visão da ciência, no início dos anos 1980, e fez com que as ciências da vida tivessem um protagonismo até então reservado às ciências físicas, principalmente em função de essas últimas permitirem a construção de armamentos e instrumentos espaciais de observação. Esse novo papel das ciências da vida ultrapassou a comunidade científica e caiu no seio da sociedade. Assim, palavras como biodiversidade, por exemplo, passaram a ter importância não somente nas abordagens conceituais e metodológicas da ciência, mas passaram ao vocabulário dos cidadãos comuns. Além disso, Young (1992) relata que foi no contexto desse programa que se iniciou a gestação do conceito de desenvolvimento sustentável, principal resultado do esforço do entendimento das interações entre comunidades humanas e ecossistemas, considerando padrões de comportamento, incluindo organização econômica, e de como essas interações deveriam ser consideradas para a otimização da gestão do ambiente natural.

Também na década de 1980, o ICSU lançou, em 1986, um programa que esteve diretamente vinculado ao oceano: o International Geosphere-Biosphere Programme (IGBP); em 1988 a Unesco lançou o International Panel on Climatic Changes (IPCC) e em 1991, o Diversitas, um programa visando avaliar o estado da biodiversidade global.

Todos esses programas baseavam-se na ideia de mudanças globais decorrentes de mudanças na composição e nas propriedades da atmosfera desde o último período microglacial há 18.000 anos. Esse foi um período de tomada de consciência sobre a dependência que a sobrevivência do homem tem em relação à integridade dos ecossistemas. As economias mundiais já haviam se apropriado de tal modo dos bens e serviços derivados dos ecossistemas que ficou evidente a dependência que a vida humana possui em relação à capacidade que os ecossistemas têm de continuar a oferecer tais benefícios. Até então, as prioridades de desenvolvimento das nações estiveram focadas sobre o quanto poderia ser extraído dos ecossistemas, deixando para segundo plano a avaliação dos impactos causados por esse processo. Essas crescentes demandas estavam representadas por alimento, água, madeira, fibras e combustível, em função do aumento sem precedentes da população mundial, da forte expansão da economia global e do alcance obtido pelos avanços tecnológicos (VITOUSECK et al., 1997; MEA, 2005).

Essa nova perspectiva econômica e científica representou a transição entre a fase inicial e a maturidade da sociedade pós-moderna. Em 1987, podem ser citados ainda dois fatos bastante relevantes para a consciência ambiental e suas implicações políticas: o primeiro foi a aprovação e assinatura do Protocolo de Montreal por alguns países, visando a redução da emissão de gases CFC (cloro-fluor-carbono), responsáveis pela degradação da camada de ozônio, principalmente nas regiões polares, e, de modo mais evidente, sobre o continente Antártico. O segundo foi a conclusão o documento "Nosso futuro comum", também conhecido como Brundtland Report, (UN, 1987), pela World Commission on Environment and Development (WCED). Esse foi um relatório abrangente e que se tornou rapidamente referência, por difundir o conceito de sustentabilidade como essencial central para a humanidade no século XXI. Tal conceito permaneceu desde então, como central nos discursos científicos, ambientalistas, econômicos e políticos. Além disso, o documento instalou o debate sobre a capacidade da tecnologia para garantir o desenvolvimento sem prejuízo sobre a qualidade de vida das gerações futuras. De acordo com Bru (1995), essa discussão é uma manifestação de uma crise da ciência como mecanismo infalível para garantir o bem-estar e o progresso.

De acordo com esse documento, ambiente e desenvolvimento não são desafios separados, mas estão inexoravelmente ligados. O desenvolvimento não pode subsistir num ambiente degradado e o ambiente não pode ser protegido quando o crescimento deixa de considerar os custos da destruição ambiental. Além disso, o documento estabelece que tais problemas não podem ser tratados de forma separada por instituições e políticas fragmentadas. Eles estão ligados num complexo sistema de causa e efeito.

Pela primeira vez, pode-se afirmar que houve concordância entre as nações em relação a uma série de questões referentes a essa problemática, isto é, que os estresses ambientais estão interligados. Por exemplo, o desflorestamento aumenta a lixiviação, acelera a erosão do solo, bem como a siltação de rios e lagos; a poluição do ar e as chuvas ácidas contribuem para a morte de florestas e lagos. Por outro lado, alcançando-se o equilíbrio numa área, como proteção de florestas, pode-se melhorar as chances de sucesso em outras, como conservação do solo, rios e lagos, demonstrando que os problemas devem ser tratados simultaneamente.

Outra questão em que houve consenso foi a que vinculou os padrões de estresse ambiental ao desenvolvimento econômico. Assim, políticas agrícolas podem originar problemas de degradação do solo, florestas e águas; políticas energéticas estão associadas ao efeito estufa, à acidificação do solo e ao desflorestamento para obtenção de combustível. Como todos esses estresses ameaçam o desenvolvimento econômico, a economia e a ecologia devem estar integradas com as tomadas de decisão e com os processos de elaboração de legislação, não apenas visando a proteção ambiental, mas também visando preservar e promover o desenvolvimento.

O documento enfatiza que economia não é apenas a produção de bens e ecologia não é apenas proteção da natureza, sendo ambas igualmente relevantes para a melhoria do bem-estar da humanidade. Em terceiro lugar, houve também concordância em que os problemas ambientais e econômicos estão ligados a uma série de fatores sociais e políticos. Por exemplo, o rápido crescimento da população teve um impacto grande sobre o ambiente e o desenvolvimento em muitas regiões e é dirigido por fatores tais como status da mulher na sociedade e outros valores culturais. Além disso, o estresse ambiental e o desenvolvimento desigual podem aumentar as tensões sociais, de tal modo que se pode afirmar que a distribuição do poder e influência na sociedade encontram-se no âmago da maioria dos principais desafios econômicos e ambientais. Portanto, novas abordagens precisam envolver programas de desenvolvimento social, particularmente para melhorar a posição da mulher na sociedade, proteger grupos vulneráveis e promover a participação local nas tomadas de decisão. E, finalmente, as características sistêmicas operam não apenas dentro das nações, mas também entre elas.

Uma consequência dessa nova visão é que, pela primeira vez, as fronteiras nacionais tornaram-se mais permeáveis. A distinção entre assuntos de interesse local, nacional e internacional se tornou mais difícil, uma vez que os ecossistemas não respeitam as fronteiras nacionais, a poluição das águas percorre rios, lagos e oceanos compartilhados, a atmosfera transporta poluentes através de longas distâncias. Elos econômicos e ambientais também operam globalmente de modo que cada país pode manejar suas políticas para obter lucros de curto prazo e ganhos políticos, mas não pode, sozinho, determinar políticas para tratar efetivamente custos ecológicos, financeiros e econômicos das questões políticas e ecológicas de outras nações.

Na avaliação de Caccia (1986), nesse período, a humanidade estava apenas começando a tomar consciência da necessidade de se encontrarem alternativas ao comportamento de destruir o ambiente das gerações futuras, resultante da falsa crença de que é preciso fazer uma escolha entre economia e ambiente. Essa escolha, em longo prazo, se demonstra uma ilusão com consequências terríveis para a humanidade.

Desde então, um novo discurso tem enfatizado que o avanço na solução dos problemas depende do desenvolvimento de novos métodos de pensamento para elaboração uma nova moral e critérios de valor, incluindo, sem dúvida, novos padrões de comportamento. A humanidade tomava consciência de situar-se no limiar de um novo estágio em seu desenvolvimento, no qual seria necessário não apenas promover a expansão das bases materiais, científicas e técnicas, mas o que seria mais importante, a formação de novos valores e aspirações humanísticas.

Pensamentos dessa natureza nortearam a proposta de desenvolvimento sustentável no documento da WCED em 1987, a qual pretendeu atingir três objetivos: a integridade dos ecossistemas, a eficiência econômica e a equidade social, incluindo garantias para as gerações futuras. Essa mudança de visão, em que se toma consciência da interação entre seres humanos e natureza, passou a modificar também o modo como o oceano era visto, deixando de lado o conceito do oceano como um ambiente à parte na natureza, para uma visão em que o oceano interfere e sofre interferência de outros compartimentos naturais, principalmente do e sobre o homem.

Em função das comemorações dos 50 anos de atividade do IOC, em 2010, uma série de artigos foi publicada resumindo as principais atividades dessa organização, (por exemplo, ANDERSON et al., 2010; GLOVER et al., 2010; HOFFMAN; GROSS, 2010; MCPHADEN et al., MCGILLICUDDY et al., 2010; PETERSON; CYR, 2010; SABINE et al., 2010; VALDÉS et al., 2010) e que mostram o papel importante desse órgão no direcionamento e facilitação das ciências do oceano desde seu envolvimento com a Expedição International do Oceano Índico, nos anos 1960. O IOC colocou em operação inúmeros programas com caráter observacional, tais como Tropical Ocean-Global Atmosphere Program (Toga), o Global Ocean Observing System (Goos), o Pacific Tsunami Warning System (PTWS), atualmente expandido para uma cobertura global, e o Gloss (Global Sea Level Observing System, programa internacional conduzido sob os auspícios da Joint Technical Commission for Oceanography and Marine Meteorology (JCOMM) da World Meteorological Organization (WMO) e da IOC, visando estabelecer uma rede de medições do nível do mar para aplicação na pesquisa climática e oceanográfica. Em relação ao manejo e sustentabilidade de recursos o IOC operacionalizou a Global Coral Reef Monitoring Network, que atualmente está inserida no monitoramento das mudanças globais, entre outros programas.

Hoffmann e Gross (2010) consideram que o IOC, em função de sua posição especial pôde contribuir para a síntese e integração entre atividades que fornecem a base de um manejo ambiental e dos recursos oceânicos e costeiros, vinculando essas questões às da sociedade. Diversos programas oceanográficos internacionais do IOC focaram os ecossistemas marinhos, sua ecologia e recursos vivos (Global Ocean Ecosystems Dynamics Project, Ocean Science and Living Research Program), o carbono no oceano (International Ocean Carbon Coordination Project), florações de algas nocivas (Global Ecology e Oceanography of Harmful Algal Blooms Program), que resultaram no estabelecimento de protocolos de medidas e compartilhamento internacional de dados sobre as condições do oceano.

O aspecto mais relevante das atividades do IOC é demonstrado pelas parcerias com outras organizações, tais como o Scor, o International Geosphere-Biosphere Program (IGBP) e o World Climate Research Programme (WCRP). Outro importante parceiro tem sido o International Council for Exploration of the Sea (Ices), por meio de grupos de estudos para desenvolvimento de um sistema de troca de dados marinhos, que têm contribuído nas questões referentes a floração de algas potencialmente tóxicas e ampliado as potencialidades dos sistemas de observação dos oceanos.

O IOC tem dado uma importante contribuição também em relação à importância do oceano no ciclo global do carbono, gerando relatórios sobre metodologias de medidas e programas de levantamento de teores de carbono oceânico. Essas atividades tiveram origem em 1979 quando foi formado o primeiro Joint Committee on Climate Change and the Ocean (CCCO). Em 1984, o CCCO criou o CO_2 Advisory Panel, posteriormente transformado no grupo do CCCO – Joint Global Ocean Flux Study (JGOFS), que sofreu várias modificações até ser substituído pelo IOC-Scor International Ocean Carbon Coordination Project (IOCCP). O IOCCP promove, atualmente, a operacionalização de uma rede global de observações do carbono oceânico por meio de acordos internacionais sobre padrões, métodos e bases de dados. Esse projeto tem interfaces com o Goos, a WMO e outros programas como o JCOMM, o Integrated Marine Biogeochemistry and Ecosystem Research (Imber) e o Surface Ocean-Lower Atmosphere Study (Solas), além de interagir com cientistas de agências governamentais e instituições de pesquisa, que realizam medições e estão desenvolvendo novos métodos para estudo do carbono no oceano.

Em 1998, o IOC e o Scor patrocinaram uma reunião de trabalho sobre a problemática das florações algais potencialmente tóxicas, visando formar um programa conjunto (GeoHab – Marine Geological and Biological Habitat Mapping) que veio a fornecer uma síntese dos estudos observacionais e de modelagem por meio dos programas de pesquisa sobre as algas potencialmente tóxicas ao redor do mundo.

Em 2004, o IOC e a Scor patrocinaram o primeiro simpósio sobre CO_2 nos oceanos, o *The Ocean in a High-CO_2 World*, agregando cientistas para um exame multidisciplinar das questões do aumento do CO_2 atmosférico que resultou em publicações voltadas à comunidade científica e aos tomadores de decisão, apontando implicações da acidificação dos oceanos. O segundo simpósio, realizado em 2008, envolveu outras organizações além do IOC e Scor e promoveu uma síntese e integração das pesquisas sobre acidificação dos oceanos.

O conceito de desenvolvimento sustentável não foi explicitamente estabelecido no contexto do relatório Brundtland (uma discussão mais detalhada sobre o conceito será apresentada no próximo capítulo). Entretanto, constituiu o princípio subjacente que sustentou o avanço da Unced, voltada às mudanças climáticas e da Conferência da Biodiversidade (United Nations Conference on Biological Diversity – UNCBD), realizadas no Rio de Janeiro em 1992, e dominou a Rio Declaration, representando o pilar de sustentação para as duas convenções. A adoção dessas convenções foi fundamental para o início de acordos de cooperação entre Estados no final da década de 1990. Sob o ponto de vista da ciência dos oceanos, também foram importantes, pois ambas apontam a importância do oceano nas interações com a atmosfera e, consequentemente, nos processos globais de mudanças climáticas. A partir desse momento o ecossistema oceano passou a ser considerado essencial para o equilíbrio do ecossistema terrestre. Entretanto, o documento com maior repercussão extraído da Unced foi a "Agenda 21", que estabeleceu princípios operacionais, definiu linhas de ação, focou questões e forneceu abordagens metodológicas para todos os setores da organização socioeconômica, bem como para os componentes do ecossistema terrestre (CICIN-SAIN, 1996a, 1996b).

O Capítulo 17 da Agenda 21 (UN, 1993) trata especificamente dos oceanos, faz uma revisão dos problemas mais importantes e traça diretrizes para abordar esses problemas, desde o nível local até o global; apresenta os programas de área e descreve os tópicos que devem ser tratados em cada um. Os temas tratados abordam: o manejo integrado e o desenvolvimento sustentável de áreas costeiras e marinhas, inclusive a zona econômica exclusiva; a proteção do ambiente marinho; o uso sustentável e a conservação de recursos vivos de alto mar; o uso sustentável e conservação de recursos vivos sob jurisdição nacional; o estabelecimento de incertezas críticas para o manejo do ambiente marinho e mudanças climáticas; a aproximação entre países, incluindo cooperação e coordenação regional e, finalmente, o desenvolvimento sustentável de pequenas ilhas. Para cada um desses temas foram definidas as bases de ação, os objetivos, as atividades relacionadas ao manejo e obtenção de dados, de cooperação e coordenação internacional e regional, bem como os meios de implementação, incluindo aspectos financeiros, custos de avaliação, suporte técnico e científico, desenvolvimento de recursos humanos e capacitação.

As bases para a proposta do capítulo referente aos oceanos assentam-se sobre temas muito ligados às convenções adotadas pela Unced: por exemplo, as ações recomendadas para tratar dos impactos atmosféricos sobre o oceano estão intimamente relacionadas à Convenção das Mudanças Climáticas, enquanto os temas ligados a recursos vivos em águas nacionais e internacionais, estão conectados à Convenção da Diversidade Biológica. Todos os programas fundamentam-se sobre o conceito de desenvolvimento sustentável, incorporando impactos das mudanças globais e das pressões humanas.

O Capítulo 17 estimulou uma ampla gama de iniciativas políticas, mas principalmente da comunidade científica, que tiveram continuidade até os dias atuais. As principais organizações das Nações Unidas, o Banco Mundial, a IOC /Unesco, o United Nations Environmental Programme (Unep), a FAO e a International Maritime Organization (IMO), iniciaram programas objetivando implementar as diretrizes incluídas nesse capítulos, e a Comissão das Nações Unidas para o Desenvolvimento Sustentável (UNCSD) realizou uma sessão especial para acompanhar o progresso dessas ações. O papel do IOC, desde então, tem sido assegurar a informação sobre o desenvolvimento e aplicação da ciência marinha e da tecnologia, em questões relacionadas às mudanças climáticas, à extração de recursos e ao uso do ambiente marinho.

O programa americano Globec (Global Ocean Ecosystem Dynamics) estava em franco desenvolvimento à época e inspirou o surgimento de um programa Globec coordenado internacionalmente (criado em 1991 e concluído em 2010). Esse programa se tornou um projeto do IGBP em 1995, programa da ICSU que estuda o fenômeno das Mudanças Globais e colabora com IPCC e com o MEA (Millennium Ecosystem Assessment). Uma síntese recente dos resultados do Globec (BARANGE et al., 2010) mostra claramente os avanços obtidos no entendimento das relações entre a variabilidade física na superfície do oceano e as mudanças em processos biológicos tais como crescimento, reprodução, mortalidade de organismos e relações presa–predador.

A década de 1990 foi extremamente rica para a ciência dos oceanos em função das inúmeras atividades que ocorreram durante e em função das Conferências das Partes da ONU. No início dos anos 1990, foi proposta, por meio da IOC, a organização de uma conferência mundial sobre o mar, aceita pela ONU e pela Unesco, que elegeu o ano de 1998 como o Ano Internacional do Mar. Em decorrência, foi formada pela ONU a Comissão Mundial Independente sobre os Oceanos (CMIO) composta por 40 personalidades ligadas aos oceanos, representando tanto os países industrializados como aqueles em desenvolvimento. Essa comissão buscou inserir-se numa série de outras similares, tais como a Gro Brundtland Commission on the Environment and Development, a Willy Brandt Commission for the North-South Relations, e a Ingvar Carlsson Commission on Global Governability, com o objetivo de redigir um relatório independente sobre os oceanos para ser apresentado na Conferência International sobre os Oceanos em 1998, no contexto do Ano Internacional do Mar e EXPO-98 – Oceanos: um Patrimônio para o Futuro, que foi realizada em Lisboa.

O relatório da CMIO (CMIO, 1998) dedicou sua atenção às principais questões relevantes do desenvolvimento, relativas aos oceanos e aos impactos diretos e indiretos sobre os recursos oceânicos decorrentes das atividades humanas. Assim, suas atividades culminaram por apontar caminhos para se conseguir a paz e a segurança nos oceanos, a equidade e a urgência de um regime de governança oceânica. Também propôs maneiras de promover a operacionalização da Lei do Mar (UN LOS) e outros instrumentos legais, enfatizando a questão da conscientização e participação públicas. A contribuição da comissão envolveu a apresentação de documentos sobre os potenciais econômicos dos oceanos, de incentivos à incorporação das questões marítimas nos programas nacionais até as propostas do gerenciamento costeiro integrado e as formas de cooperação para desenvolvimento tecnológico. Também realizou levantamentos sobre as ameaças aos usos sustentáveis dos oceanos, dedicou-se aos mecanismos de reforçar a governança oceânica e, assim, contribuir para o uso pacífico dos oceanos.

Esse documento elaborado pela CMIO também pode ser considerado o ápice de um protagonismo, de certa forma inesperado, assumido por Portugal no debate sobre o regime internacional dos oceanos. Essa atuação iniciou-se no período entre 1974 e 1982, quando o país teve participação expressiva nos debates das negociações da Convenção das Nações Unidas sobre o Direito do Mar (principalmente no que diz respeito à sua parte mais inovadora, a Parte XI sobre os fundos oceânicos fora das jurisdições nacionais), e foi muito evidente até o Ano Internacional dos Oceanos, quando consolidou progressivamente sua posição. Seu presidente, Mário Soares, foi também presidente da CMIO no período que antecedeu a Expo 98. Na época, foram propostas portuguesas que levaram a ONU a proclamar 1998 como o Ano Internacional dos Oceanos. Outras propostas dirigiram o foco do trabalho temático da VII Sessão da Comissão para o Desenvolvimento Sustentável nas Nações Unidas (1999) para "oceanos e mares" e levaram à adoção de uma posição comum da União Europeia sob clara e assumida liderança portuguesa (PUREZA, 2002).

Visando fornecer subsídios para atender às questões da sustentabilidade do uso dos recursos oceânicos, a comissão patrocinou, em conjunto com a Luso-American Development Foundation uma reunião de especialistas, em julho de 1997, em Lisboa, que resultou num trabalho extremamente relevante (COSTANZA et al., 1998), pois estabeleceu um consenso sobre uma série de princípios, que vieram a ser conhecidos como Princípios de Lisboa. Os trabalhos da comissão também demonstraram a dependência ecológica, econômica e social da sustentabilidade dos oceanos para o bem-estar humano (COSTANZA et al., 1999) e estabeleceram um quadro, baseado no valor dos serviços dos ecossistemas (COSTANZA et al., 1997), incluindo as ameaças àqueles serviços (ANTUNES; SANTOS, 1999). Além disso, apontaram para uma série de exemplos de soluções para os problemas que poderiam representar a operacionalização dos princípios de Lisboa, incluindo a pesca em base compartilhada (YOUNG, 1999), o manejo integrado de bacias (BOESCH, 1998; COSTANZA, 1999), áreas marinhas protegidas (BOERSMA; PARRISH, 1999), e obrigações e garantias ambientais (COSTANZA, op. cit.). Os resultados dessa Comissão serão mais detalhados no Capítulo 6, que enfoca ameaças aos serviços ecossistêmicos.

O Unep colocou em ação planos no âmbito do Programa Mares Regionais, a fim de torná-los consistentes com a Agenda 21. O Goos, baseado em sistema de satélites com a função de monitorar o ecossistema oceânico, foi direcionado a alvos operacionais. Paralelamente, inúmeros países, estados e regiões iniciaram programas isolados ou em colaboração, visando a proteção de áreas costeiras e a obtenção de desenvolvimento sustentável. A salvaguarda das identidades culturais e ecológicas das pequenas ilhas também foi alvo de projetos de preservação.

No início dos anos 1990, e em decorrência da Rio-92, também começaram a ser estabelecidos programas nacionais ao redor do globo, com foco na dinâmica dos ecossistemas marinhos e no gerenciamento costeiro, em função da necessidade de reforçar o entendimento das ligações entre os processos físicos no oceano e sua variabilidade biológica, especialmente em processos como produção secundária e recrutamento, críticos para a manutenção de recursos pesqueiros economicamente importantes.

Outra característica que surgiu durante a Rio-92 foi a grande mobilização de ONGs e ativistas que tiveram uma reunião paralela, o "Fórum Global". Essa movimentação teve grande repercussão na mídia, com efeitos sobre a conscientização da sociedade mundial, de tal forma que criou forças para conseguir a adoção de novas ideias contra a pobreza e a injustiça social. De fato, essa repercussão teve um efeito importante, uma vez que os termos do acordo entre Estados foi fraco (MUIR, 1997), contando basicamente com o voluntarismo dos Estados, sem causar problemas à soberania.

Todo esse processo de evolução no âmbito científico e social levou muitos autores a considerar o meio ambiente não apenas um fator a mais de análise e de organização mundial, mas também um aspecto determinante desse processo de evolução, levando-se ao conceito de *ambientalização da geopolítica* (SCHABECOFF, 1996). Esse fenômeno é bem explicitado pela não ratificação pelos Estados Unidos do Tratado de Kyoto, para controle dos gases que prejudicam a camada de ozônio, em 1997, sob a alegação do governo daquele país de que o tratado afetaria sua soberania econômica.

Em 2002, foi realizada a World Summit on Sustainable Development (WSSD), em Johannesburgo, mas nessa ocasião, a conferência foi realizada sem qualquer expectativa prévia de novos acordos sobre questões ambientais globais. De fato, em decorrência de conflitos Norte-Sul, a reunião foi focada na implementação de velhos acordos, principalmente nas relações de parceria com o setor privado. Em outras palavras, a reunião abordou os aspectos da implementação da sustentabilidade nas áreas de interesse ao setor privado (WSSD, 2002).

Após o WSSD, a ONU criou, em 2003, a rede Oceanos e Áreas Costeiras (UN-Oceans), a fim de estabelecer um mecanismo de coordenação nas questões dos oceanos e áreas costeiras no sistema das Nações Unidas tendo, entre outras funções, a de promover a Convenção da Lei do Mar, a Agenda 21 e o Plano de Johannesburgo, referente às decisões tomadas naquela convenção.

Na década de 2000 foi produzida uma série de documentos muito relevantes sobre as condições ambientais globais, mudanças climáticas e cenários futuros. Uma das primeiras ideias surgiu durante uma reunião do World Resources Institute (WRI), em 1998, com a proposta de uma série de atividades visando a elaboração de um relatório de avaliação de processos ecológicos globais. A proposta foi aprovada pelo WRI juntamente com três parceiros, Unep, World Bank e United Nations Development Programme (UNDP) e, entre uma série de documentos produzidos, elaborou, entre 2001 e 2005, uma avaliação mundial das consequências das mudanças dos ecossistemas para o bem-estar humano e estabeleceu as bases científicas para as ações necessárias para alcançar a conservação e uso sustentável dos ecossistemas (MEA, 2005).

O Millennium Ecosystem Assessment (MEA ou MA) surgiu em resposta às demandas dos governos sobre sínteses de informações para servirem de base em várias convenções internacionais: a Convenção sobre Diversidade Biológica, a Convenção Ramsar sobre Áreas Úmidas, a Convenção sobre Combate à Desertificação e a Convenção sobre Espécies Migratórias, e foi também pensada para atender às necessidades de outros atores, tais como a comunidade empresarial, o setor de saúde, as organizações não governamentais e povos indígenas. Entre os documentos produzidos pelo MEA foram também efetuadas avaliações subglobais, visando atender a necessidades de usuários de regiões sobre as quais havia pouca informação. A avaliação visou os elos entre ecossistemas e bem-estar humano e, em particular, os serviços ecossistêmicos, e tem servido, desde então, como fonte de informações para as convenções subsequentes e para tomadores de decisão.

Outra contribuição significativa foi dada pelo IPCC. No período entre 1998 – quando foi criado – e 2007, o IPCC produziu quatro relatórios de avaliação, entre outros documentos. O quarto relatório (IPCC, 2007) levou ao Prêmio Nobel da Paz de 2007 o grupo de especialistas que participou de sua elaboração, em função de esses pesquisadores terem apontado para a grande probabilidade de os aumentos de temperatura verificados desde a Revolução Industrial terem como causa as atividades antrópicas, além de apontar para as principais consequências futuras no caso da falta de compromisso com metas de redução de emissões de gases estufa.

Posteriormente, alguns aspectos do relatório foram questionados no seio da comunidade científica, sob a alegação de se basearem em resultados numericamente pouco fundamentados, em alguns setores, o que levou a uma revisão independente que identificou algumas falhas no processo de coleta de dados referentes às geleiras do Himalaia. Essa discussão gerou certo ceticismo por parte de alguns especialistas e criou problemas de credibilidade de parte da sociedade mundial em relação aos resultados do relatório, mas posteriormente, após a revisão por um grupo independente de especialistas e da retificação dos resultados, até mesmo alguns dos principais críticos do relatório declararam sua concordância com as principais avaliações.

Os documentos produzidos pelo IPCC têm auxiliado os governos a adotar novas políticas e iniciativas em resposta às mudanças climáticas e, principalmente, subsidiaram, com dados fidedignos, as discussões da Conferência das Partes da Convenção Quadro das Nações Unidas sobre Mudanças Climáticas, em 1992 (CQNUMC), de seu protocolo de Kyoto, em 1997, e nas conferências posteriores com cada vez maior impacto frente à sociedade, mas, infelizmente, com poucos resultados concretos em termos de iniciativas efetivas para alterar a direção das tendências climáticas.

Todos esses levantamentos realizados ao longo do tempo refletem as mudanças das abordagens e prioridades de pesquisa no oceano, como se verifica por meio da revisão de Field et al. (2002), que enfatizou a necessidade de uma ciência oceânica multidisciplinar que tivesse relevância para a sociedade e promovesse a sustentabilidade dos recursos marinhos.

Entretanto, vários autores (MARTÍNEZ-ALIER, 1992; SHIVA, 2005) têm sido críticos em relação às ações referentes ao desenvolvimento sustentável. Martínez-Alier (op. cit.), tem sido enfático ao afirmar que as ações tomaram um caráter de mercantilização do meio ambiente, que permite comprar e vender o direito de poluir, a partir de cupons estabelecidos em acordos internacionais, um ambientalismo de discursos e políticas de ajuda que valoriza os recursos ambientais em função de visões socioeconômicas e, certamente, geopolíticas, direcionando suas ações para áreas do planeta onde as exigências do controle ambiental são menores e os benefícios econômicos, pela disponibilidade de mão de obra, são grandes.

Por todas estas questões, Font e Rufí (2006) se juntam a outros autores (SCHABECOFF, 1996; MUIR, 1997; DEUDNEY; MATTHEW, 1999; HOMER-DIXON, 1999) ao afirmar que o meio ambiente está se convertendo em um elemento geopolítico mundial, não um elemento qualquer, mas um elemento central, sustentado em aspectos como: a escassez de recursos naturais essenciais; riscos ecológicos; relação entre crescimento econômico e degradação ambiental; medo de uma crise ambiental global; capacidade de mobilização social da ecologia; questionamento, por meio do ambiente, de aspectos da soberania dos Estados e papel dos organismos internacionais.

Por trás da escassez de recursos, a crise de água é a que mais se destaca, uma vez que, apesar de a população mundial ter dobrado desde 1940, o consumo de água quadruplicou (HOMER-DIXON, 1999) e as reservas de água doce não chegam a 2% do total do planeta, sendo que 69% dessas águas são encontradas em geleiras e em áreas glaciais permanentes. Por trás da crise ambiental global está a ameaça das mudanças climáticas, na qual o oceano exerce papel primordial por meio de sua capacidade de absorver gás carbônico, cujo limite pode estar próximo de ser alcançado.

A pouca efetividade das ações políticas preconizadas pela Agenda 21 no período entre a Unced, em 1992, e o WSSD, em 2002, foi demonstrada pela intensificação da tendência decrescente da qualidade do ambiente oceânico, costeiro e de ilhas, de forma a requerer ações imediatas por parte das nações e instituições governamentais de todo o mundo (CICIN-SAIN et al., 1995; UN, 2002b).

Durante o WSSD, constatou-se que os principais pontos de constrição para se alcançar as recomendações indicadas no capítulo dos oceanos da Agenda 21 (CNUMAD, 1992) eram principalmente de caráter político e não técnico, tais como: a redução da pobreza; a prática dos acordos internacionais; o manejo integrado de rios e bacias; a necessidade de consideração especial em relação aos casos das nações em desenvolvimento e das pequenas ilhas; a operacionalização da abordagem ecossistêmica e os levantamentos dos usos e serviços do oceano.

De acordo com Mabudafhasi (2001), as principais deficiências verificadas desde a Rio-92, e que ainda persistiam, eram inúmeras: a fragmentação e a falta de coordenação entre convenções internacionais e instituições; a complexidade dos sistemas de governo, dificultando a gestão participativa; a apropriação dos rumos da conferência pelos países desenvolvidos; a falta de mecanismos de suporte aos acordos; instituições subfundeadas e frequentemente inefetivas; fundos de doadores frequentemente não alinhados às prioridades dos países em desenvolvimento e a pequena prática dos alvos da Agenda Internacional de Desenvolvimento.

Avaliações após o WSSD-2002 (UNEP/GPA, 2006) mostram que alguns pontos positivos se destacaram recentemente: estão sendo praticados acordos internacionais, estão ocorrendo novos investimentos por agências multilaterais e doações nacionais para programas costeiros e oceânicos, surgiram muitas iniciativas para manejo costeiro integrado entre países e o conhecimento científico avançou significativamente.

De acordo com o MEA (2005), para tal tarefa, mudanças institucionais e comportamentais profundas da sociedade são requisitos imprescindíveis e, embora atualmente já exista uma consciência global da gravidade da situação, ainda não se verificaram ações concertadas e em tempo hábil no sentido de interromper esse processo e reverter essas tendências. Isso é mais verdadeiro quando se trata das regiões oceânicas. Com relação às regiões costeiras, pode-se afirmar que já se encontra constituído e consolidado um corpo de preceitos para nortear as nações no sentido de uma gestão costeira integrada (UNEP, 1995; GESAMP[2], 1996; WB, 1996; FAO, 1998, entre outros), enquanto, em relação às regiões oceânicas, esses preceitos estão sendo ainda discutidos, principalmente no meio acadêmico (CONSTANZA et al., 1998a).

A continuidade das negociações mundiais na tentativa de um acordo para redução do efeito estufa e outras alterações no ambiente ocorreu com grande divulgação na mídia mundial em dezembro de 2009, por meio da UN Climate Change Conference (UN CCC), Conferência das Partes da ONU (conhecida como COP-15), em Copenhague. Apesar de ter sido a maior das convenções sobre clima realizadas até hoje, com quase 50 mil inscritos, bem como a mais divulgada pela mídia e acompanhada pela sociedade do mundo todo, essa conferência trouxe poucos resultados práticos em termos de acordos.

Os Estados Unidos, maiores emissores históricos de gases de efeito estufa, voltaram às negociações após um período em que se recusaram a qualquer discussão, nas conferências anteriores. Atualmente, a China disputa com esse país o título de maior emissor global. Esses dois países, e alguns outros, como Brasil, África do Sul e Índia, assumiram, pela primeira vez, metas de redução de emissões. Entretanto, apesar dos benefícios da ampla divulgação na sociedade do tema das mudanças climáticas, gerando informação, despertando interesses e expectativas, a reunião não produziu um acordo com força legal. Assim, justamente em função da sociedade cada vez mais tomar consciência de que o avanço na solução dos problemas depende de uma nova moral, novos critérios de valor e novos padrões de comportamento, o sentimento de frustração após a COP-15 foi bastante grande. Além disso, as expectativas para a próxima reunião da Conferência de Mudanças Cli-

[2] O Gesamp é um grupo de especialistas criado em 1957, que aconselha as Nações Unidas nas questões científicas relativas ao ambiente marinho.

máticas a ser realizada no México em novembro de 2010 (COP-16) são bastante pessimistas, uma vez que as reuniões preparatórias já estão expondo novos impasses sobre o corte de emissões e já há sugestões por parte de vários países para a prorrogação do Protocolo de Kyoto para além de 2012.

Constata-se que é fundamental que as discussões anteriores ao encontro contemplem questões como financiamento, participação dos países em desenvolvimento e monitoramento para que a reunião chegue a bom termo, mas as expectativas são de que apenas na reunião da África do Sul, durante a COP-17, alguns acordos sejam efetivamente selados.

Por outro lado, um auspicioso evento relativo à biodiversidade marinha será realizado em outubro de 2010, em Londres – o Censo da Vida Marinha e Celebração de uma Década de Descoberta 2010 –, onde serão apresentados resultados muito significativos: em dez anos, o censo permitiu a descoberta de cerca de 5.000 novas espécies marinhas. Entretanto, mesmo por meio dessas descobertas, fica evidente o quão pouco conhecemos ainda sobre os oceanos, porque, em primeiro lugar, novas espécies ainda poderão ser descobertas, e, em segundo, o papel de todas essas espécies no ecossistema marinho ainda está por ser esclarecido.

Em outubro de 2010 também será realizada, em Nagoya, Japão, a 10ª Conferência das Partes para a Convenção sobre Diversidade Biológica da ONU, cujo tema será "vida em harmonia, em direção ao futuro". Essa reunião está sendo aguardada com muita expectativa pela comunidade marítima, uma vez, apesar de acordos anteriores com a ONU, que estabeleceram a meta de 12% de áreas marinhas protegidas até 2012, menos de 1% das áreas oceânicas está efetivamente sob proteção até o momento. Assim, uma discussão sobre formas de financiamento para implementação dessas metas estará sendo rediscutida durante a conferência, que, espera-se, traga resultados efetivos a partir de agora, apesar da baixa adesão dos países para o cumprimento dos acordos estabelecidos até o momento.

Referências bibliográficas

ANDERSON, D. M.; REGUERA, B.; PITCHER, G. C.; ENEVOLDSEN, H. A. The IOC International Harmful Algal Bloom Program: History and Science Impacts. *Oceanography*, v. 23. 3. p. 72-85, 2010.

ANTUNES, P.; SANTOS, R. Integrated environmental management of the oceans. *Ecol. Econ.*, v. 31, n. 2, p. 215-226, 1999.

BARANGE, M.; FIELD, J. G.; HARRIS, R. P.; HOFMANN, E. E.; PERRY, R. I.; WERNER, E. E. *Marine Ecosystems and Global Change*. Oxford University Press, 2010.

BAUMERT, K. A.; HERZOG, T.; PERSHING, J. Navigating the Numbers: Greenhouse Gas Data and International Climate Policy. Washington: World Resources Institute. 2005. Disponível em: <http://www.wri.org/publication/navigating-the-numbers>. Acesso em: 7 out. 2010.

BIRNIE, P. W. The Law of the Sea and the United Nations Conference on Environment and Development. In: GINSBURG, N.; MANN BORGAND, E.; MORGAN, J. R. (Eds.). *Ocean yearbook*, v. 10. Chicago: University of Chicago Press, p. 13-35, 1993.

BOERSMA, P. D.; PARRISH, J. K. Limiting abuse: marine protected areas, a limited solution. *Ecol. Econ.*, v. 31, n. 2, p. 287-304, 1999.

BOESCH, D. F. The role of science in ocean governance. *Ecol. Econ.*, v. 31, n. 2, p. 189-198, 1998.

BRU, J. El medi està androcentrat: qui el desandrocentrizarà? Experiència femenina, coneixement ecològic e canvi cultural. *Documents d'Anàlisi Geogràfica*, n. 26, p. 43-52, 1995.

CACCIA, C. *WECD Public Hearing*. Otawa, may 26-27. 1986. Disponível em: <http://www.un-documents.net/ocf-01.htm#II>. Acesso em: 25 jul. 2010.

CICIN-SAIN, B. Implementation of Earth Summit agreements: progress since Rio. In: LUCIA, M. G.; BELFIORE, S.; PESARO, E. (Eds.). *Regional Seas towards Sustainable Development*. Milan: Franco Angeli, p. 17-49, 1996a.

CICIN-SAIN, B. Earth Summit implementation: progress since Rio. *Marine Policy,* v. 20, n. 2, p. 123-43, 1996b.

CICIN-SAIN, B.; KNECHT, R. W.; FISK, G. Growth in capacity for integrated coastal management since UNCED: an international perspective. *Ocean & Coastal Management*, v. 29, p. 93-123, 1995.

CMIO (Comissão Mundial Independente para os oceanos). *O oceano... nosso futuro*. Lisboa, Expo-98 e Fundação Mário Soares, 1998.

CNUMAD (Conferência das Nações Unidas sobre Meio Ambiente e Desenvolvimento) 1992. Agenda 21. Brasília: Senado Federal, Subsecretaria de Edições Técnicas. Disponível em: <http://www.ambiente.sp.gov.br/agenda21.htm>. Acesso em: 15 fev. 2007.

COSTANZA, R. The ecological, economic, and social importance of the oceans. *Ecol. Econ.*, v. 31, n. 2, p. 199-213, 1999.

COSTANZA, R.; ANDRADE, F.; ANTUNES, P.; VAN DEN BELT, M.; BOERSMA, D.; BOESCH, D. F.; CATARINO, F.; HANNA, S.; LIMBURG, K.; LOW, B.; MOLITOR, M.; PEREIRA, J. G.; RAYNER, S.; SANTOS, R.; WILSON, J.; YOUNG, M. Principles for sustainable governance of the oceans. *Science*, v. 281, p. 198-199, 1998.

COSTANZA, R.; ANDRADE, F.; ANTUNES C, P.; VAN DEN BELT, M.; BOESCH, D.; BOERSMA, D.; CATARINO, F.; HANNA, S.; LIMBURG, K.; LOW, B.; MOLITOR, M.; PEREIRA, J. G.; RAYNER, S.; SANTOS, R.; WILSON, J.; YOUNG, M. Ecological economics and sustainable governance of the oceans. *Ecological Economics*, n. 31, p. 171-187, 1999.

COSTANZA, R.; D'ARGE, R.; DE GROOT, R.; FARBER, S.; GRASSO, M.; HANNON, B.; LIMBRUG, K.; NAEEM, S.; O'NEILL, R. V.; PARUELO, J.; RASKIN, R. G.; SUTTON, P.; VAN DEN BELT, M. The value of the world's ecosystem services and natural capital. *Nature*, v. 387, p. 253-260, 1997.

DEACON, M. The voyage of the H.M.S. Challenger. In: PRIE, G. R. (Ed.) *Oceanography*. Contemporary Readings in Ocean Science. New York: Oxford University Press, p. 24-44, 1973.

DEUDNEY , D. H.; MATTHEW, R. A. *Contested grounds*: security and conflict in the new environmental politics. Albany: Suny Press, 1999.

FAO (Food and Agriculture Organization). Integrated coastal area management and agriculture, forestry and fisheries. SCIALABBA, N. (Ed.) *FAO Guidelines*. Rome: FAO – Environment and Natural Resources Service, 1998.

FIELD, J. G.; HEMPEL, G.; SUMMERHAYES, C. P. *OCEANS 2020*: Science, Trends, and the Challenge of Sustainability. Washington: Island Press, 2002.

FONT, J. N.; RUFÍ, J. V. *Geopolítica, identidade e nação*. São Paulo: Annablume, 2006.

GESAMP (IMO/FAO/UNESCO-IOC/WMO/WHO/IAEA/UN/UNEP – Joint Group of Experts on the Scientific Aspects of Marine Environmental Protection). The contribution of science to integrated coastal management. *Gesamp Reports and Studies*, n. 61, 1996.

GLOVER, D. M.; WIEBE, P. H.; CHANDLER, C. L.; LEVITUS, S. IOC. Contributions to International, Interdisciplinary Open Data Sharing. *Oceanography*, v. 23, n. 3, p. 140-151, 2010.

GRASA, R.; SACHS, I. Ecodesarrollo y governabilidad: sugerencias para la aplicación de nuevas estrategias de desarollo. In: GRASA, R.; ULIED, A. (Eds.). *Medio ambiente y governabilidad*. Barcelona: Icaria, 2000.

HOFFMANN, E. E.; GROSS, E. IOC contributions to science synthesis. *Oceanography*, v. 23, n. 3, p. 152-159, 2010.

HOMER-DIXON, T. Thresholds of turmoil environmental scarcities and violent conflict. In: DEUDENEY, D. H.; MATHEW, R. (Eds.). *Contested grounds*: security and conflict in the new environmental politics. Albany: SUNY Press, 1999.

IPCC (Intergovernmental Panel on Climate Change). *Fourth Assessment Report. Climate Change 2007*. Synthesis Report. 23p. 2007 Disponível em: <http://www.ipcc.ch/pdf/assessment-report/ar4/syr/ar4_syr_spm.pdf>. Acesso em: 6 ago. 2010.

MABUDAFHASI, R. *Closing remarks*: towards Johannesburg 2002. Closing speech to the global conference on "Oceans and Coasts at Rio +10". Paris: UNESCO, 2001.

MARTINEZ-ALIER, J. *Ecological economics*: energy, environment and society. Oxford, UK: Blackwell Publishers, 1992.

McGILLICUDDY, D. J. JR.; de YOUNG, B.; DONEY, S. C.; GLIBERT, P. M.; STAMMER, D.; WERNER, F. E. Models: Tools for synthesis in international oceanographic research programs. *Oceanography*, n. 23, n. 3, p. 126-139, 2010.

McPHADEN, N. J.; BUSALIACCHI, A. J.; ANDERSON, D. L. T. A TOGA retrospective. *Oceanography*, v. 23, n. 3, p. 86-103, 2010.

MEA (Millennium Ecosystem Assessment). *Ecosystems and human well-being*: Synthesis. Washington DC: Island Press.UN. 2005. Disponível em: <http://www.millenniumassessment.org/en/index.aspx>. Acesso em: 3 maio 2010.

MUIR, R. *Political geography*: a new introduction. London: MacMillan Press, 1997.

PETERSON, B.; CYR, N. The role of IOC in promoting cooperative research on marine ecosystems and living marine resources. *Oceanography*, v. 23, n. 3, p. 62-71, 2010.

PUREZA, J. M. Portugal e o novo internacionalismo: o caso da Comissão Mundial Independente para os Oceanos. In: PUREZA, J. M.; FERREIRA, A.C. (Orgs.). *A teia global*: movimentos sociais e instituições. Porto, Afrontamento, 2002.

SABINE, C. L.; DUCKLOW, H.; HOOD, M. International carbon coordination: the legacy of Dr. Roger Revelle in the Intergovernmental Oceanographic Commission. *Oceanography*, v. 23, n. 3, p. 48-61, 2010.

SCHABECOFF, P. *A new name for peace*: international environmentalism, sustainable development and democracy. Hannover: University Press of New England, 1996.

SHIVA, V. *Earth democracy; justice, sustainability, and peace*. Cambridge: South End Press, 2005.

SMITH, R.W. *Exclusive economic zone claims*: an analysis and primary documents. Dordrecht: Martinus Nijhoff, 1986.

TANS, P. *Trends in Atmospheric Carbon Dioxide.* NOAA (National Oceanic and Atmospheric Administration) Earth System Research Laboratory. 2010. Disponível em: <http://www.esrl.noaa.gov/gmd/ccgg/trends/>. Acesso em: 28 ago. 2010.

UN (United Nations) *Report of the world commission on environment and devolpment:* Our common future. Published as Annex to General Assembly Document A/42/427. 1987. Disponível em: <http://www.un-documents.net/wced-ocf.htm>. Acesso em: 10 jul. 2010.

UN (United Nations). *Convention on the Law of the sea*. 1982. Disponível em: <http://www.un.org/Depts/los/convention_agreements/convention_overview_convention.htm>. Updated 21 July 2010. Acesso em: 23 ago. 2010.

UN (United Nations). *Report of the United Nations Conference on Environment and Development Rio de Janeiro, 3-14 June 1992* (Agenda 21). 1993. Disponível em: <http://daccess-dds-ny.un.org/doc/UNDOC/GEN/N92/836/55/PDF/N9283655.pdf?OpenElement>. Acesso em: 8 ago. 2010.

UN (United Nations). Plan of implementation of the World Summit on Sustainable Development. In: *Report of the world summit on sustainable development*. New York: United Nations. p. 139-147, 2002. Disponível em: <http://www.un.org/esa/sustdev/documents/WSSD_POI_PD/English/WSSD_PlanImpl.pdf>. Acesso em: 13 jun. 2010.

UNEP (United Nations Environmental Programme). *Guidelines for integrated management of coastal and marine areas with special reference to the Mediterranean basin*. Nairobi: *Unep Regional Seas Reports and Studies*, n. 161, 1995. Disponível em: <www.pap-thecoastcentre.org/pdfs/ICAMguuidelines.pdf>. Acesso em: 25 jun. 2010.

UNEP/GPA (The Global Programme of Action for the Protection of the Marine Environment from Land-Based Activities). *The state of the marine environment*: trends and processes. The Hague: Unep/GPA, 2006. Disponível em: <www.gpa.unep.org/documents/soe_-_trends_and_english.pdf>. Acesso em: 3 maio 2010.

VALDÉS, L.; FONSECA, L. TEDESCU, K. Looking into the future of ocean sciences: an IOC perspective. *Oceanography*, v. 23, n. 3, p. 160-175, 2010.

VALLEGA, A. *Sea management*: a theoretical approach. London: Elsevier Applied Science, 1992.

VALLEGA, A. *Susteinable ocean governance*: a geographical perspective. *Ocean Managemente and Policy Series*. New York: Routledge, 2001.

VITOUSECK, P. M.; MOONEY, H. A.; LUBCHENCO, J.; MELILLO, J. M. Human domination of earth´s ecosystems. *Science*, v. 277, p. 494-499. 1997.

WB (World Bank). Guidelines for integrated coastal zone management. In: POST, J. C.; LUNDIN, C. G. (Eds.). *Environmentally Sustainable Development Studies and Monographs Series*, n. 9. Washington, DC: The World Bank, 1996.

WEGENER, A. *Die entstehung der kontinente ozeane*: pettermans mitt, 4. ed. Braunschweig Fried Vieweg & Sohn, 1912.

WSSD (World Summit on Sustainable Development). A guide to oceans, coasts and islands at the world summit on sustainable development. *Integrated Management:* from Hilltops to Oceans. Johannesburg, 26 ago. 4 set., 2002.

YOUNG, M. D. Sustainable investment and resources: Equity, environmental integrity and economic efficiency. *Man and Biosphere Series*, v. 9. Paris: Unesco and the Parthenon Publishing Group, 1992.

3 O desafio da busca pela sustentabilidade

A ideia da sustentabilidade surgiu na primeira conferência mundial sobre o meio ambiente realizada em Estocolmo em 1972, na qual foi proposto o termo "ecodesenvolvimento". Já nessa época iniciou-se a preocupação com a produção de bens de consumo para satisfazer as necessidades de uma população humana em constante crescimento, sem exaurir os recursos naturais finitos e com o menor impacto sobre o meio ambiente.

O adjetivo "sustentável" para qualificar o desenvolvimento começou a ser usado posteriormente, nos debates internacionais, por economistas como Ignacy Sachs, mas foi amplamente divulgado a partir de 1987, com a publicação do relatório "Nosso futuro comum", da Comissão Brundtland, e efetivamente consagrado somente em 1992, com a Conferência Rio-92. O relatório apresentou uma mensagem implícita no sentido da adoção de um novo modelo de sociedade em que o desenvolvimento visasse à sustentabilidade, com um balanço entre ambiente e economia, tendo em mente a sobrevivência das futuras gerações.

Entretanto, como discutido por diversos autores, o conceito de sustentabilidade ou desenvolvimento sustentável, tal como colocado, permite várias interpretações (FABER et al., 2010) e não deixa claro como as mudanças necessárias devem ocorrer, principalmente a curto prazo.

De acordo com Hardi e Zdan (1997), em documento do International Institute for Communication and Development (IICD) que serve como base para avaliações de desenvolvimento sustentável, em termos gerais, a ideia de sustentabilidade reflete a persistência de certas características necessárias e desejadas das pessoas, suas comunidades e organizações e do ecossistema de entorno, através de um período muito longo e indefinido. Alcançar o progresso por meio da sustentabilidade, portanto, implica manter, e preferivelmente melhorar, o bem-estar humano e do ecossistema, e não um em detrimento do outro. A ideia expressa a interdependência entre as pessoas e o ambiente circundante.

Desenvolvimento, por outro lado, segundo esses mesmos autores, significa expandir ou desenvolver as potencialidades, alcançar gradualmente um Estado melhor, mais completo, eficiente e pleno. Este conceito apresenta características quantitativas e qualitativas e é diferenciado do crescimento, no qual se verifica apenas aumento quantitativo em dimensões físicas. Assim, o desenvolvimento sustentável não é um "estado fixo de harmonia". De fato, é mais um processo de evolução que tenta não comprometer o ambiente para as gerações futuras. Inversamente, devem ser evitadas as ações que reduzam a capacidade de as gerações futuras atingirem suas necessidades.

Uma revisão sobre definições de sustentabilidade mencionada por Partidário et al. (2010), entretanto, demonstrou que especialistas de diferentes áreas, como ecologistas, economistas, sociólogos, biólogos e físicos, entre outros, que lidam com sustentabilidade, têm todos suas próprias perspectivas favoritas sobre o conceito, muitas vezes sem considerar aquelas das demais disciplinas. Com base nesses resultados, os autores avaliaram sustentabilidade como um conceito impossível de ser rigidamente definido.

Os autores ainda identificaram as interpretações mais comuns do termo, sem excluir outras possíveis: uma que considera a combinação de três elementos chave: ambiental, social e econômico, com pesos ligeiramente variáveis, dependendo do contexto; uma segunda, que adiciona uma dimensão institucional a esses três elementos básicos; uma terceira que enxerga as relações da sociedade com seu entorno mais direto; uma quarta que se direciona ao fator intergeracional de sustentabilidade, além de outras interpretações que entendem sustentabilidade sob o foco de questões ou setores específicos, tais como energia sustentável, turismo sustentável, edificações sustentáveis, entre outros exemplos. Outrossim, não foi considerada nessa revisão, mas não se pode deixar de mencionar, a perspectiva biofísica da sustentabilidade (GEORGESCU-ROEGEN, 1971; KLEIDON; LORENZ, 2005), que nega que a economia seja um sistema autônomo, e a entende como subsistema inteiramente dependente da evolução darwiniana e da segunda lei da termodinâmica, que envolve o conceito de entropia. Nessa visão, é condição para a sustentabilidade que os fluxos de energia e matéria que atravessam esse subsistema sejam minimizados, e também que os avanços sociais qualitativos sejam desvinculados de infindáveis aumentos quantitativos da produção e do consumo.

Essa miríade de visões constitui o reflexo de conceitos não universais, oriundos de diferentes construções sociais, por sua vez, associadas a uma diversidade de concepções morais, culturais e materiais, provenientes de diferentes comunidades em múltiplos contextos sociais. Entretanto, enquanto isso parece criar um certo desconforto, como mencionado por Phillis e Andriantiatsaholiniaina (2001), também revela uma oportunidade significativa, no sentido de expressar diferenciação e permitir a expectativa do surgimento de uma sociedade mais rica, robusta, resiliente e, portanto, mais sustentável.

Partidario et al. (2009) comentam que os conceitos de sustentabilidade subjacentes aos interesses sociais, econômicos e ecológicos são epistemologicamente distintos, sendo, muitas vezes, difícil intercruzá-los. Além disso, frequentemente, aspectos essenciais são deixados de lado, como o conhecimento tradicional. Quando esses aspectos são considerados, torna-se, então, evidente que os três pilares utilizados como fundamentais são artificiais, baseados fundamentalmente num racionalismo científico, em estruturas e mentalidades tecnocráticas, e produto do mundo industrial e urbano desenvolvido. As comunidades locais, particularmente em contextos rurais, naturais ou indígenas, não apresentam tal visão compartimentalizada de suas vidas e contextos de desenvolvimento. As pessoas, a abundância e a terra estão profundamente interconectadas e não podem ser separadas.

Para Sachs (1995) o desenvolvimento aparece como um conceito pluridimensional, evidenciado pelo uso abusivo de uma série de adjetivos que o acompanham: econômico, social, político, cultural, durável, viável, entre outros, e, finalmente, humano, mas afirma ser urgente que se deixem de lado tais qualificativos para nos concentrarmos na definição do conteúdo da palavra **desenvolvimento**, partindo de uma hierarquização com o social no comando, o ecológico enquanto restrição assumida e o econômico recolocado em seu papel instrumental.

O Relatório Stiglitz-Sen-Fitoussi (2009), por outro lado, simplifica ainda mais a ideia, voltando-se para o lado do pragmatismo diante da urgência das questões, afirmando que "[...] a questão é sobre o que nós deixamos para as futuras gerações e se lhes deixamos suficientes recursos de todos os tipos para que possam desfrutar de oportunidades ao menos equivalentes às que tivemos". São concepções relativamente simples que explicitam que algumas características do mundo devem ser preservadas e melhoradas para garantir a sobrevivência das pessoas, dos animais e das plantas, reforçando um conceito a base de valores e que depende de escolhas da sociedade.

Entretanto, nas palavras de Sachs (op. cit.), para além da semântica, há um problema muito mais temível para a prática. Trata-se da **harmonização de objetivos** que, à primeira vista, podem parecer contraditórios e, portanto, conduzir a arbitragens dolorosas. Nesse sentido, a busca por um mundo sustentável dependerá de um conjunto de valores – a escolha e o grau com que certas características devem ser asseguradas – que irão variar ao longo do tempo, entre comunidades e de lugar para lugar.

Uma vez que a economia clássica não aceita a ideia de que a perda dos recursos naturais deve ser levada em conta, posto que foi elaborada num período em que os recursos efetivamente pareciam estar sempre disponíveis, no final dos anos 1990 diversos autores já chegavam a um consenso no sentido de uma visão integrada de **economia ecológica** que reforçasse o valor do capital natural e dos serviços ecossistêmicos (HARDIN, 1968, 1994; COBB; DALY, 1989; REPETTO et al., 1989; SACHS, 1993, 1995; DALY et al., 1994; OSTROM et al., 1999; DALY, 2005, entre outros), bem como que considerasse a contabilização dos subprodutos poluentes do processo produtivo, até então desprezados.

Algumas tentativas integradoras, desenvolvidas no sentido de enfrentar os desafios contemporâneos, são demonstradas pela valoração dos recursos naturais e dos serviços ecossistêmicos, que representam conexões entre negócios e biodiversidade ou até mesmo a proposta de um **fundo atmosférico global** (COSTANZA; DALY, 1992; CONSTANZA et al., 1997; CENTRE D'ÁNALISE STRATEGIQUE, 2009; MÄLER et al., 2008, BARNES et al., 2008; UMANA et al., 2010).

Em relação aos oceanos, diversos autores (BOESCH, 1998; HANNA, 1999; LOW et al., 1999; WILSON et al., 1999; COSTANZA et al., 1999) passaram a considerar os serviços ecossistêmicos levando em conta as grandes incertezas inerentes à ciência e à governança oceânica, a importância dos problemas de desajustes de escala entre ecossistemas e instituições de governança humana e as limitações dos regimes de propriedade em vigor atualmente, frente às questões de governança oceânica.

Esse consenso foi consolidado nos Princípios de Lisboa apresentados por Costanza et al. (1998), grupo de cientistas do IWCO, juntamente com pesquisadores da Fundação Luso-Americana para o Desenvolvimento, em julho de 1997, em Lisboa, para servirem como diretrizes para os conceitos da economia ecológica e permitirem atingir a governança sustentável dos oceanos. Seis princípios foram estabelecidos com base nessa perspectiva: 1) Princípio da Responsabilidade: de acesso aos recursos, que deve alinhar interesses individuais e coletivos e com os objetivos ecológicos; 2) Princípio de Escalas Ajustadas: a escala de governança que apresentar as informações mais relevantes pode responder pela integração transfronteiriça; 3) Princípio Precaucionário: diante das incertezas sobre irreversibilidades, as decisões devem pender pelo lado da precaução; 4) Princípio do Manejo Adaptativo: dado o grau de incerteza inerente, o manejo deve estar sempre se adaptando a novas informações ecológicas, sociais e econômicas; 5) Princípio da Alocação Completa dos Custos: os custos e benefícios internos e externos devem ser alocados e, se necessário, o mercado deve ser ajustado para refletir o custo; e 6) Princípio da Participação: o engajamento de todos os atores é necessário, sem exclusões.

Um dos aspectos mais fundamentais sobre o qual o novo consenso se ergueu é que o foco das análises deveria ser desviado dos recursos de mercado no sistema econômico para a base biofísica do sistema, numa interdependência econômico-ecológica, conforme preconizado por diversos autores (ODUM, 1971; CLARK, 1973; CLEVELAND et al., 1984; CLEVELAND, 1987; MARTÍNEZ-ALIER, 1987; CHRISTENSEN, 1989). Além disso, a economia ecológica não seria uma nova disciplina baseada em hipóteses e teorias, mas sim, representaria um compromisso entre cientistas e profissionais, visando desenvolver uma nova compreensão de como os sistemas vivos interagem uns com os outros e tirar disso lições para novas análises e definições de políticas. Nesse sentido, propõem que não existe uma maneira certa ou modelo a ser seguido, pois o problema é demasiadamente grande e complexo, tanto para as ferramentas computacionais existentes como para a sua percepção como um todo.

Recentemente, como apontado por Farley e Costanza (2010), o Pagamento por Serviços Ecossistêmicos (PSE) está se tornando cada vez mais popular como modo de manejo de ecossistemas utilizando incentivos econômicos. É importante enfatizar, neste ponto, que existem três linhas econômicas, com distintas visões em relação às questões ambientais. No contexto do PSE, a abordagem da **economia ambiental** tenta forçar os serviços ecossistêmicos no modelo de mercado, com uma ênfase sobre a eficiência econômica (ENGEL et al., 2008). Ao contrário, a abordagem da economia ecológica busca adaptar as instituições econômicas às características físicas dos serviços ecossistêmicos, priorizando a sustentabilidade ecológica, a distribuição justa, a eficiência econômica e uma abordagem transdisciplinar para atingir esses objetivos, tanto de mercado como não-mercado (MURADIAN et al., 2010). Nesse contexto, instituições e mecanismos apropriados são tanto determinados pelas características mais relevantes dos ecossistemas e seus serviços, como também adaptados a elas. Uma terceira perspectiva rejeita amplamente o PSE e mesmo a noção de serviços ecossistêmicos, considerando-as uma "comodificação" imprópria da natureza (KOSOY; CORBERA, 2010; McCAULEY, 2006; ROBERTSON, 2006).

Farley e Constanza (op. cit.) buscam reconciliar essas perspectivas tão distintas, considerando que os serviços ecossistêmicos são essenciais, não substituíveis e pouco compreendidos, e que existem custos reais implicados em seu uso e proteção. Ponderam que, apesar de alguém ter de pagar por esses custos, o pagamento não requer a **comodificação**, sendo que raramente o mecanismo de pagamento de mercado se mostra apropriado. Com essa visão unificadora, buscam identificar quais as instituições mais adequadas para o PSE, com base nas características físicas dos serviços ambientais. Assim, discutem de que modo a distinção entre bens do ecossistema (considerados recursos **fluxo de estoque**), serviços ecossistêmicos (considerados recursos **serviço de fundo**) e as características físicas dos **serviços de fundo** afetam a forma institucional apropriada para o PSE, concluindo que o sistema representa um caminho importante para o manejo efetivo de recursos **serviço de fundo** como bens públicos.

Esse caminho desponta como uma alternativa inovadora das instituições de mercado tradicionais. Nesse trabalho, Farley e Constanza também apresentam os Princípios ou Declaração de Heredia, estabelecidos por um grupo de trabalho em reunião realizada na cidade de mesmo nome, na Costa Rica, em março de 2007, voltado à questão do PSE, além de discutirem algumas questões dos oceanos, entre outros tipos de serviços. Apresentam, por exemplo, alguns casos de arranjos institucionais que se apropriaram de determinados serviços ambientais, anteriormente de livre acesso nos oceanos. Por exemplo, o acordo global das Zonas Econômicas Exclusivas, que criou direitos de propriedade sobre águas costeiras anteriormente de livre acesso (UN, 1982), o que, por sua vez, permitiu que os governos nacionais se apropriassem de certas populações de peixes costeiros, uma vez que limitar o acesso ao fundo de populações de peixes protege o serviço de capacidade reprodutiva. Finalmente, consideram que, para muitos serviços, como estabilidade climática, o papel da biodiversidade no suporte a todos os serviços, regulação de gases atmosféricos, proteção contra a radiação ultravioleta, regulação a perturbações, entre outros, a não-excludibilidade é uma característica física e não uma variável política, uma vez que o acesso livre é inevitável e os custos das transações das soluções negociáveis no mercado é imenso.

Por sua vez, Farley et al. (2010) tratam dos mecanismos do fornecimento de serviços globais com ênfase em dois aspectos essenciais e não substituíveis, também ligados em grande parte aos oceanos: a estabilidade climática e a biodiversidade, e sugerem um sistema de captura e leilão para emissões de carbono, com a receita sendo revertida para a compensação de nações soberanas envolvidas com a manutenção da biodiversidade, deixando às próprias nações a decisão sobre quais mecanismos específicos trarão melhor resultado nos contextos nacionais. Esses autores consideram que restringir o acesso ao fundo que fornece os serviços é impraticável, especialmente se os serviços são globais e os fundos estiverem sob controle nacional, além de, muitas vezes, serem injustos.

Entretanto, como avalia Partidário et al. (2010), ainda não é possível constatar se essas novas proposições estão sendo utilizadas como uma integração genuína de dimensões convencionais, ou apenas como compromissos por meio de diálogos e intercâmbios em processos de negociação. E isso pode fazer a diferença no processo do desenvolvimento sustentável, particularmente quando se reconhece que a sustentabilidade requer uma mudança fundamental nos **negócios como sempre** (WECD, 1997; JACKSON, 2009). Gibson et al. (2005), por exemplo, observam que os compromissos com a sustentabilidade, expressos principalmente pelos governos, mas também pelas empresas, têm falhado em assegurar a necessária mudança de comportamento, apesar de as imagens públicas estarem envolvidas num véu de sustentabilidade.

Conforme analisado por Partidario et al. (op. cit.) o discurso dominante em meados dos anos 1980 esteve centrado nas dimensões materiais, representadas pela geração de bens, pelo lado da economia, e pela sobre-exploração de recursos pelo lado do ambiente. O desafio consistia em que, dados os limites dos recursos ambientais, a economia deveria perseguir seus objetivos dentro dos limites desses recursos. Assim, o debate esteve fundamentalmente baseado em questões físicas, materiais. A dimensão social foi considerada para representar os eventuais beneficiários de uma melhoria entre as relações ambiente/economia. Nesse sentido, depositou-se muita esperança na tecnologia e avanços na economia (GIBSON et al., op. cit.), que deveriam permitir a manutenção do tipo de desenvolvimento e estilo de vida existentes, ao mesmo tempo que permitiria reduzir as pressões sobre o ambiente.

Entretanto, diversos autores têm alertado, há tempos, para pontos críticos do modelo econômico que tem sido adotado, como Sachs (1993, 1995), Daly (2005), Daly et al., (1994); Cobb e Daly (1989), entre outros, pois, apesar de trazerem benefícios para parcela da sociedade, têm ampliado as desigualdades e destruído suas próprias fundações, enquanto se consomem recursos não renováveis, aumenta-se a degradação ambiental e põe-se em risco o funcionamento dos sistemas ecológicos.

Em relação às dificuldades na construção de uma axiologia em torno de certos princípios universais, Sachs (op. cit.) afirma que essa construção é possível uma vez que o desenvolvimento, no sentido forte da palavra, tenha uma finalidade social justificada pelo postulado ético da solidariedade entre gerações e da equidade concretizada num contrato social. Além disso, o desenvolvimento inclui a exigência de ser **ecologicamente prudente** em nome da solidariedade entre as gerações expressa num **contrato natural** (SERRES, 1990). Enfim, no plano instrumental, o **princípio da eficiência econômica** impõe-se: é preciso, porém, medi-lo pelo padrão macrossocial e não apenas pela lucratividade da empresa.

Não se pode deixar de considerar, também, que o alcance do desenvolvimento sustentável requer inexoravelmente justiça ambiental. Apesar de a economia ecológica tratar da construção do capital natural, humano e social, as questões de alocação eficiente de recursos e distribuição social justa nem sempre são tratadas de modo explícito. Mas é exatamente a questão da sustentabilidade social, com a necessária melhoria nas condições de equidade das estruturas de poder e institucionais, que representa o "calcanhar de Aquiles" da sustentabilidade, e, portanto, a área que requer maior esforço na abordagem transdisciplinar. É preciso reconhecer as diferenças de poder político que acabam por permitir a exploração dos mais pobres pelos mais ricos, até o ponto em que o sistema terrestre alcance seu limiar máximo em que as consequências desastrosas irão atingir a todos. Indicadores de resiliência ecossistêmica, como a biodiversidade, e indicadores de resiliência social, como pobreza, saúde, criminalidade, demonstram que existe uma negociação entre alocação econômica de recursos e distribuição equitativa, que acaba por solapar tanto o ecossistema terrestre como a sociedade humana.

A busca por justiça ambiental exige mudanças de valores e também de normas. Nesse sentido, tem sido feito um esforço internacional para se chegar a uma consolidação do componente jurídico, principalmente por meio da ILA – International Law Association –, que criou um comitê internacional para a elaboração da International Law on Sustainable Development (Direito Internacional sobre Desenvolvimento Sustentável) e gerou outros documentos, como o Legal Aspects of Sustainable Development (Aspectos Legais do Desenvolvimento Sustentável). Este último resultou em uma Declaração sobre os Princípios Subjacentes ao Desenvolvimento Sustentável, originalmente adotada pela Conferência da ILA em Nova Delhi em 2002, e posteriormente adotada pela Assembleia Geral da ONU, no mesmo ano.

Outros focos do Direito Internacional estão sendo construídos em pontos de interesse convergente, levando a uma maior padronização não apenas em relação ao desenvolvimento sustentável, mas também com respeito aos direitos humanos, livre comércio, cooperação jurídica, direitos da criança, lei do mar e arbitragem (BARKER, 2009). Tais documentos representam a síntese da tradução de uma discussão entre culturas e sistemas jurídicos extremamente diversos, demonstrando que é possível a construção de princípios universais, como afirmava

Sachs, "desde que subordinados a finalidades sociais justificadas". Em outras áreas da atividade humana, entretanto, as leis nacionais refletem opiniões heterogêneas, por exemplo, em relação às regulações de segurança, manejo de recursos naturais, tecnologia nuclear e povos indígenas. Há algumas décadas, muitos desses tópicos não estavam na agenda das leis internacionais, mas atualmente estão presentes, em função de um processo inexorável de globalização.

Não só a justiça social como a estabilidade econômica são fundamentais para a sustentabilidade ambiental, como demonstrado claramente por van den Belt et al. (2007), que verificaram que o engajamento da sociedade nas questões ambientais pode sofrer um duro golpe quando a população passa por crises econômicas. O impacto da radiação ultravioleta sobre os serviços ecossistêmicos terrestres e marinhos, em decorrência do aumento do buraco na camada de ozônio, estava motivando atores do extremo sul da Argentina, no final do ano 2000, a contribuir ativamente na construção de modelos ecológicos participativos para monitorar os impactos ambientais e socioeconômicos, decorrentes do aumento dessa radiação. Mas a crise econômica iniciada em 2001, pela qual passou o país, roubou o interesse dos atores locais que direcionaram suas preocupações em busca de melhores condições de sobrevivência econômica.

Entretanto, a sustentabilidade não é uma meta de alcance fácil e, além da criação de normas, são fundamentais métricas e indicadores na avaliação do processo. A partir da adoção da Agenda 21 na Rio-92, a demanda por esses indicadores foi muito impulsionada, e, em resposta, esforços significativos foram realizados por corporações, acadêmicos, organizações não governamentais, comunidades, nações e organizações internacionais no sentido de estabelecer indicadores, de tal forma que em 1996, um grupo de pesquisadores reunidos em Bellagio, Itália, estabeleceu uma série de princípios fundamentais para essa avaliação, conhecidos como "Princípios de Bellagio" (IISD, 2010).

Nos anos seguintes, uma série de indicadores foi sendo desenvolvida, e a existência de uma grande variedade deles é uma expressão exata das dificuldades que são enfrentadas para a elaboração e adequação desses índices. Lawn (2006) realizou um levantamento dos métodos propostos para a avaliação e o monitoramento da sustentabilidade até então e verificou que permaneciam elusivos. Em 2005, foi estabelecido um grupo de cerca de cerca de 90 estatísticos para elaborar um relatório sobre a questão (JOINT UNECE/EUROSTAT/OECD, 2009), com a finalidade de identificar os conceitos e práticas adequados para subsidiar os governos nacionais. Os autores desse relatório utilizaram a abordagem do capital para a elaboração de indicadores de forma pragmática. Mas o maior impacto sobre a questão dos indicadores ocorreu após a apresentação do relatório Stiglitz-Sen-Fitoussi (2009).

Veiga (2010) realizou, recentemente, uma retrospectiva da evolução da questão dos indicadores de sustentabilidade em que descreve, com detalhes, os principais resultados desse relatório. O autor considera que o debate científico sobre o tema foi desencadeado há quase 40 anos pelo trabalho *Is growth obsolete?*, de Nordhaus e Tobin (1972). Após discorrer sobre a evolução dos índices ao longo desses anos, apontando suas contribuições para a evolução das ideias de medidas de sustentabilidade, por um lado, e as dificuldades operacionais e conceituais, por outro, quer seja pela aplicação de índices individuais ou compostos, bem como eventuais incoerências que foram sendo verificadas ao longo do tempo, Veiga conclui, indicando os resultados que foram apresentados recentemente no *Report by the Commission on the Measurement of Economic Performance and Social Progress* (STIGLITZ-SEN-FITOUSSI, 2009).

Em seu estudo Veiga aponta que a primeira grande contribuição dessa Comissão já foi mostrar com muita clareza que existem três problemas bem diferentes, que não deveriam ter sido misturados nem isolados, como fizeram todos os indicadores ao longo de quase 40 anos, tais sejam, medida de desempenho econômico, medida de qualidade de vida (ou bem-estar), e medida da sustentabilidade do desenvolvimento, enfatizando que para essas três questões o relatório deu orientações muito mais radicais do que supunham quase todos os observadores: 1) O PIB (Produto Interno Bruto) deve ser inteiramente substituído por uma medida bem precisa de renda domiciliar disponível, e não de produto; 2) A qualidade de vida só pode ser medida por um índice composto bem sofisticado, que incorpore até mesmo as recentes descobertas desse novo ramo que é a economia da felicidade; 3) A sustentabilidade exige um pequeno grupo de indicadores físicos, e não de malabarismos que artificialmente tentam precificar coisas que não são mercadorias.

Em outras palavras, Veiga avalia que o relatório propõe a superação da contabilidade produtivista, a abertura do leque da qualidade de vida e todo o pragmatismo possível com a sustentabilidade. Contudo, é importante que não se perca de vista que as recomendações sobre a sustentabilidade pressupõem que o desempenho econômico e a qualidade de vida também sejam medidos por novos indicadores, que nada têm em comum com os atuais PIB e Índice de Desenvolvimento Humano (IDH).

A Comissão optou por tratar a sustentabilidade de forma muito mais ampla do que costuma sugerir o adjetivo sustentável quando aposto a qualquer outro termo. Por exemplo, quando diz que os já difíceis pressupostos e escolhas normativas ficam ainda mais complicados pela existência de **interações entre modelos socioeconômicos e ambientais seguidos por diferentes países**. Ou quando se refere a um **componente "econômico" da sustentabilidade** relativo ao **sobreconsumo de riqueza**.

Veiga lembra, que, na origem, a ideia expressa pelo adjetivo sustentável se referia à necessidade de que o processo socioeconômico conservasse suas bases naturais ou sua biocapacidade. Foi no progressivo abandono do qualificativo em favor do substantivo que surgiu essa ideia de componentes não biofísicos da sustentabilidade, o que apresenta várias implicações, especialmente quando a biocapacidade passa a ser entendida como um capital (natural) ao lado de capitais humanos/sociais e físicos/construídos. Ou seja, em vez de se enfatizar a imprescindível sustentabilidade ambiental do processo que se costuma chamar de desenvolvimento ou de progresso social, passa-se a tratá-la ao lado de várias outras, cuja lista pode ser bem longa, contribuindo para uma séria diluição da ideia original.

A mais importante orientação do Relatório foi enfatizar que qualquer indicador monetário deve permanecer focado apenas em seus aspectos estritamente econômicos, não apenas porque grande parte dos elementos que interessam não tem preços definidos por mercados, mas também porque mesmo para os que tenham, não há nenhuma garantia de que os preços revelem a sua importância para o bem-estar futuro. O conjunto de indicadores que poderá mensurar a sustentabilidade deve informar sobre as variações de estoques que escoram o bem-estar humano. Mas a maior ênfase do Relatório final da Comissão está na absoluta necessidade de que os aspectos propriamente ambientais da sustentabilidade sejam acompanhados pelo uso de indicadores físicos bem escolhidos.

E é o princípio da precaução que a Comissão evoca para justificar essa ênfase, "dado nosso estado de ignorância". Nesse sentido, o recado é claro: deve-se buscar bons indicadores não monetários da aproximação de níveis perigosos de danos ambientais, como os que estão associados à mudança climática. É possível deduzir, então, que, se as emissões de carbono das economias viessem a ser bem calculadas, poderiam ser os indicadores das contribuições nacionais à insustentabilidade global. Melhor ainda, se surgissem medidas semelhantes para o comprometimento dos recursos hídricos e para a redução da biodiversidade. Conforme avalia Veiga, talvez bastasse essa trinca para mostrar a que distância se está do caminho da sustentabilidade.

Dentre as recomendações do Relatório destaca-se que: a) a avaliação da sustentabilidade requer um pequeno conjunto bem escolhido de indicadores, bem diferente dos que podem avaliar qualidade de vida e desempenho econômico; b) característica fundamental dos componentes desse conjunto deve ser a possibilidade de interpretá-los como variações de estoques e não de fluxos; c) um índice monetário de sustentabilidade até pode fazer parte, mas deve permanecer exclusivamente focado na dimensão estritamente econômica da sustentabilidade; d) os aspectos ambientais da sustentabilidade exigem acompanhamento específico por indicadores físicos.

Além disso, deve-se considerar que medir sustentabilidade envolve dificuldades no contexto internacional, pois não se trata apenas de avaliar sustentabilidades de cada país em separado. Como o problema é global, sobretudo em sua dimensão ambiental, o que realmente mais interessa é a contribuição que cada país pode estar dando para a insustentabilidade global. Veiga ressalta que a avaliação, a mensuração e o monitoramento da sustentabilidade exigirão necessariamente uma trinca de indicadores, pois é estatisticamente impensável fundir em um mesmo índice apenas duas de suas três dimensões. A resiliência dos ecossistemas certamente poderá ser expressa por indicadores não monetários relativos, por exemplo, às emissões de carbono, à biodiversidade e à segurança hídrica. Mas o grau de tal resiliência ecossistêmica não dirá muito sobre a sustentabilidade se não puder ser cotejado a dois outros. Primeiro, o desempenho econômico não poderá continuar a ser avaliado com o velho viés produtivista, e sim por medida da renda familiar disponível. Segundo, será necessária uma medida de qualidade de vida (ou bem-estar) que incorpore as evidências científicas desse novo ramo que é a **economia da felicidade**.

Nesse sentido, as informações que deverão emanar dos oceanos certamente terão caráter fundamental neste novo modelo de avaliação, mensuração e monitoramento da sustentabilidade considerando-se as informações sobre estoque de gases, biodiversidade, e segurança hídrica, entre outros. Outra questão fundamental que diz respeito à sustentabilidade é a opção fundamental por mudanças de valores por meio de escolhas de meios diferentes de produção de bens e de estilos de vida. Partidário et al. (2010) enfatizam que muito dos padrões insustentáveis da sociedade contemporânea residem sobre dois pilares críticos: o sobreconsumo dos recursos e a ausência de atitude–comportamento por parte dos cidadãos, decorrente do modelo das sociedades ocidentais, com seu estilo de vida baseado no consumo. A consequência é um círculo vicioso estimulado por um crescimento dirigido pelo modelo econômico, e que acaba levando sociedades em desenvolvimento a absorverem o modelo, por sentirem que também têm o direito a melhores níveis de conforto e acesso a bens.

A busca por indicadores que permitissem avaliar o bem-estar humano, iniciou-se, ainda que timidamente, nos anos 1990, quando o Programa das Nações Unidas para o Desenvolvimento (PNUD) criou o Índice de Desenvolvimento Humano (IDH) com o objetivo de contrapor o PIB *per capita* como principal parâmetro de desenvolvimento humano. Além de computar o PIB *per capita*, o IDH considerava critérios como longevidade e educação da população.

A partir dessa época, outros índices foram propostos como o Índice de Felicidade Interna Bruta (FIB), o Índice de Bem estar Econômico Sustentável (ISEW), entre outros. Uma vasta literatura e o debate (FRANK, 1999; PRUGH et al., 2000; EASTERLIN, 2003; KASSER, 2003; LAYARD, 2005, entre outros,) sobre o que se convencionou chamar uma **ciência da felicidade** têm demonstrado os limites dos aportes da economia convencional e do consumo para o bem-estar, propondo mudanças no modelo de sociedade contemporânea, estimulando modos de vida e padrões de consumo mais sustentáveis e argumentando que se tem investido mais sobre os sintomas – sobreconsumo de recursos e bem-estar econômico – do que nas causas – preferências pessoais, atitudes e comportamentos, indicando que é necessário alterar a estratégia.

Easterlin (op. cit.) tem demonstrado que o bem-estar das pessoas tende a estar fortemente correlacionado a eventos no domínio não pecuniário, como saúde, nível de educação e situação conjugal, sendo que os recursos estão correlacionados ao bem-estar apenas até certo limiar razoavelmente baixo. Além disso, verificou que as inferências da corrente econômica dominante que afirmam que "mais é melhor", baseado na teoria da **preferência revelada** (SAMUELSON, 1938), é problemática. Um aumento nos recursos, e, portanto, nos bens à disposição de uma pessoa não traz consigo um aumento permanente de felicidade em função do efeito negativo sobre a utilidade da adaptação hedônica e da comparação social. Afirma ainda que uma boa teoria da felicidade se constrói sobre a evidência de que a adaptação e a comparação social afetam menos o domínio não pecuniário do que o pecuniário. Como os indivíduos falham em antecipar a extensão com que a adaptação e comparação social minam a esperada utilidade do domínio pecuniário, eles alocam uma excessiva quantidade de tempo para objetivos pecuniários, e encurtam o período dedicado à família e à saúde, reduzindo sua felicidade. Propõe, então, o desenvolvimento de políticas que produzam preferências individuais mais bem informadas, e, consequentemente, aumentem o bem-estar individual e da sociedade.

Para tal, entretanto, é fundamental modificar a matriz de atividades econômicas, em que bens de consumo são produzidos em massa para não durar, aumentando terrivelmente a quantidade de lixo produzido. Esse processo não é fácil, pois as atividades econômicas estão interligadas a uma matriz de atividades sociais, que valoriza o consumo de produtos novos, o que é visto como sinônimo de progresso, sucesso individual e, muitas vezes, confundido com bem-estar. A informação também é produzida em massa e a propaganda direcionada ao consumo é parte inerente do nosso sistema de civilização. A sabedoria e a experiência de vida, entretanto, tendem a ser desvalorizadas em função do fluxo de dados de fácil acesso obtidos na rede mundial de informações e que dominam a cultura contemporânea, muitas vezes com informações descartáveis, de modo semelhante aos outros produtos da sociedade de consumo. Por outro lado, a comunidade científica tem dificuldades reconhecidas (BECKERS et al., 2007; WEINGERT, 2007) para a transferência dos avanços do conhecimento que vão sendo adquiridos ao longo do tempo, bem como para explicar, à sociedade de modo geral, as incertezas inerentes à ciência. Um dos motivos para tal situação, além da própria falta de formação do pesquisador em relação às competências para divulgação fora do meio científico, pode ser a desvalorização do conhecimento científico frente ao volume de informações que competem e estão disponíveis à sociedade

Como mero exemplo, a psicologia e a neurociência hoje, têm trazido entendimentos sobre o funcionamento da mente (PINKER, 2002; RUSTICHINI, 2005, GALDI et al., 2008, entre outros) que podem ser rapidamente assimilados pelo mercado (no sentido de ampliar a dependência dos consumidores pelos bens de consumo. Constituem novos ramos de pesquisa, denominados **economia de comportamento** (DELLA VIGNA, 2009; PIORE, 2009), com vertentes como **behavioral commerce** (VASCONCELOS, 2010). Neste último caso, por exemplo, trata-se de explorar comportamentos psicológicos frente à escassez para induzir à compra de bens e serviços, e tem sido utilizado principalmente no comércio eletrônico. De acordo com Vasconcelos (op. cit.) essa tática tem ocupado funções centrais no desenvolvimento de novos modelos de negócio e está gerando grandes inovações nos sites que a utilizam, principalmente por permitir criar um laboratório que proporciona o lançamento de milhares de miniexperiências em tempo real, sem custo adicional, fornecendo informações sobre o comportamento dos consumidores no sentido de como fazem suas escolhas.

Frente a essas estratégias mercadológicas, a sociedade está perdendo a corrida no sentido de modificar padrões de comportamento para minimizar hábitos de consumo, e não ampliá-lo, para melhorar seu estilo de vida, uma vez que o bem-estar da sociedade não está baseado unicamente no alto padrão de consumo. Esses comportamentos precisam ser rapidamente incorporados pela sociedade, como tantas outras regras básicas que já se incorporaram ao cotidiano, independentemente de leis ou normas emanadas do Estado, de forma que a cidadania ambiental seja estabelecida, pois são, de certa forma, os cidadãos que modelam o mercado. Assim, o uso dos meios de comunicação tem importância fundamental na formação da cidadania ambiental. E o exemplo de países, como o Butão, que utiliza o FIB, índice de Felicidade Interna Bruta, em suas decisões de governança, sem dúvida, tem despertado o interesse de outros países, empresas e órgãos multilaterais.

Hardi e Zdan (1997) enfatizam que, como este envolvimento é necessário ("para o desenvolvimento é preciso envolvimento"), deve haver um cuidado contínuo para assegurar que as questões técnicas e conceituais sejam consideradas no contexto de processos de tomada de decisão, conduzidos por valores tão delicados, reais, do cotidiano.

Assim, novas perspectivas podem, efetivamente, alimentar os tomadores de decisão e, inversamente, o processo de avaliação e tomada de decisão pode ampliar os questionamentos técnicos e públicos. O processo é uma via de duas mãos. De qualquer forma, o desenvolvimento sustentável nos leva a considerar uma perspectiva de longo prazo e a reconhecer nosso lugar no funcionamento do ecossistema. O desenvolvimento sustentável também encoraja uma reflexão contínua sobre as implicações da atividade humana e fornece uma nova perspectiva para enxergar o mundo, induzindo à conectividade de ideias e disciplinas que se encontravam distanciadas, além de permitir concluir que a intensidade e a natureza das atividades humanas estão efetivamente reduzindo as chances para as futuras gerações.

Assim, verifica-se que um dos grandes desafios para atingir o desenvolvimento sustentável é a limitação das ferramentas e dos caminhos atualmente existentes. Também é evidente o esforço que tem sido realizado na tentativa de montar o quebra-cabeças da complexidade para atingir a meta da sustentabilidade. Por outro lado, a viabilização do processo de conquista da sustentabilidade depende da mudança de valores da sociedade, da adoção de posturas éticas e de políticas públicas convergentes.

Referências bibliográficas

BARKER, J. C. *Summmary of the 73rd Conference.* Rio de Janeiro, 17-22 august 2008. ILA News Letter ADI-Actualities 28. 2009. Disponível em: <http://www.ila-hq.org/en/publications/newsletter.cfm>. Acesso em: 2 set. 2010.

BARNES, P.; COSTANZA R.; HAWKEN, P.; ORR, D.; OSTROM; E.; UMANA, A.; YOUNG, O. Creating an earth atmospheric trust. *Science*, n. 319, p. 724, 2008.

BECKERS, T.; WOODRORW, M.; FILMER, P.; GIANESELLA, S. M. F.; KLENER, L. G.; LINK, C.; TOURRAND, J-F.; WEINGERT, P. Communicating science to the media, decision makers, and the public. In: TIESSEN, H.; BRKLASCH, M.; BREULMANN, G.; MENEZES, R. S. C. (Eds.). *Communicating Global Change Science to Society*. Scope, Washington, DC, n. 68, p. 45-52, 2007.

BOESCH, D. F. The role of science in ocean governance. *Ecol. Econ.*, v. 31, n. 2, 189-198, 1998.

CENTRE D'ANALYSE STRATÉGIQUE. Approche économique de la biodiversité et des services liés aux écosystèmes: Contribution à la décision publique. Rapport du groupe de travail présidé par Bernard Chevassus-au-Louis. *La Documentation Française*, 2009.

CHRISTENSEN, P. Historical roots for ecological economics: biophysical versus allocative approaches. *Ecol. Econ.*, n. 1, p. 17-36. 1989.

CLARK, C. W. The economics of overexploitation. *Science*, n. 181, p. 630-634, 1973.

CLEVELAND, C. J. Biophysical economics: historical perspective and current research trends. *Ecol. Model*, n. 38, p. 47-74, 1987.

CLEVELAND, C. J.; COSTANZA, R., HALL, C. A. S., KAUFMANN, R. Energy and the United States economy: a biophysical perspective. *Science*, n. 225, p. 890-897, 1984.

CMIO (Comissão Mundial Independente sobre os Oceanos). *Oceano... nosso futuro*, Lisboa, Expo 98 e Fundação Mário Soares, 1998.

COBB, J.; DALY, H. *For the common good, redirecting the economy toward community, the environment and a sustainable future.* Boston: Beacon Press, 1989.

COSTANZA, R.; ANDRADE, F.; ANTUNES, P.; VAN DEN BELT, M.; BOESCH, D.; BOERSMA, D.; CATARINO, F.; HANNA, S.; LIMBURG, K.; LOW, B.; MOLITOR, M.; PEREIRA, J. G; RAYNER S.; SANTOS, R.; WILSON, J.; YOUNG, M. Ecological economics and sustainable governance of the oceans. *Ecological Economics*, v. 31, n. 17, p. 171-187, 1999.

COSTANZA, R.; DALY, H. E. Natural capital and sustainable development. *Conservation Biology*, n. 6, p. 37-46, 1992.

COSTANZA, R.; D'ARGE, R.; DE GROOT, R.; FARBER, S.; GRASSO, M.; HANNON, B.; LIMBRUG, K.; NAEEM, S.; O'NEILL, R. V.; PARUELO, J.; RASKIN, R. G.; SUTTON, P.; VAN DEN BELT, M. The value of the world's ecosystem services and natural capital. *Nature*, v. 387, p. 253-260, 1997.

COSTANZA, R.; ANDRADE, F.; ANTUNES, P.; VAN DEN BELT, M.; BOERSMA, D.; BOESCH, D. F.; CATARINO, F.; HANNA, S.; LIMBURG, K.; LOW, B.; MOLITOR, M.; PEREIRA, J. G.; RAYNER, S.; SANTOS, R.; WILSON, J.; YOUNG, M. Principles for sustainable governance of the oceans. *Science*, n. 281, p. 198-199, 1998.

DALY, H. Economics in a full world. *Scientific American*, v. 293, n. 3, p. 100-107, set. 2005.

DALY, H. E.; COBB JUNIOR, J. B. *For the common good*: redirecting the economy toward community, the environment, and a sustainable future, 2. ed. Boston, MA: BeaconPress, 1994.

DELLA VIGNA, S. Psychology and economics: evidence from the field. *Journal of Economic Literature*, v. 47, n. 2, p. 315-372, 2009.

EASTERLIN, R. A. Explaining happiness. *Proc. Natl. Acad. Sci.*, v. 100, n. 19, p. 11176-11183, 2003.

ENGEL, S., PAGIOLA, S., WUNDER, S. Designing payments for environmental services in theory and practice: an overview of the issues. *Ecological Economics*, n. 65, p. 663-674, 2008.

FABER, N.; JORNA, R.; Van ENGELEN, J. The sustainability of sustainability – a study on the conceptual foundations of the notion of sustainability. In: W. SHEATE (Ed.). *Tools, Techniques and Approaches for Sustainability*; Collected Writings in Environmental Assessment, Policy and Management; New Jersey: World Scientific, 2010.

FARLEY, J.; COSTANZA, R. Payments for ecosystem services: from local to global. *Ecological Economics*, n. 69, p. 2060-2068, 2010.

FARLEY, J.; AQUINO, A.; DANIELS, A.; MOULAERT, A.; LEE, D.; KRAUSE A. Mechanisms for sustaining and enhancing PES schemes. Ecological Economics v. 69, n. 11, p. 2075-2084, 2010.

FRANK, R. *Luxury fever*: why money fails to satisfy in an era of excess. New York: The Free Press, 1999.

GALDI, S.; ARCURI, L.; GAWRONSKI, B. Automatic Mental Associations Predict Future Choices of Undecided Decision-Makers. *Science*, n. 321, p. 1100-1102, 2008.

GEORGESCU-ROEGEN, N. *The entropy law and the economic process*. Cambrige: Havard University Press, 1971.

GIBSON, R. B.; HASSAN, S.; HOLTZ, S.; TANSEY, J.; WHITELAW, G. *Sustainability assessment: criteria, processes and applications*; London: Earthscan Publications, 2005.

HANNA, S. Strengthening governance of ocean fisheries. *Ecol. Econ.*, v. 31, n. 2, p. 275-286, 1999.

HARDI, P.; ZDAN, T. *Assessing sustainable development*: principles in practice. IISD – International Institute for Sustainable Development. Winnipeg, 1997. Disponível em: <http://www.iisd.org/pdf/bellagio.pdf>. Acesso em: 1 set. 2010.

HARDIN, G. The Tragedy of the Commons. *Science*, v. 162, n. 3859, p. 1243-1248, 1968.

HARDIN, G. The Tragedy of the Unmanaged Commons. *Trends in Ecology & Evolution,* n. 9, p. 199, 1994.

IISD (International Institute for Sustainable Development) Complete Bellagio principles. 2010 Disponível em: <http://www.iisd.org/measure/principles/progress/bellagio_full.asp>. Acesso em: 28 ago. 2010.

JACKSON, T. *Prosperity without growth*: economics for a finite planet. London: Earthscan, 2009.

JOINT UNECE/OECD/EUROSTAT WORKING GROUP on Statistics for Sustainable Development. *Measuring sustainable development*. UNITED NATIONS. New York and Geneva, 2009. Disponível em: <http://www.unece.org/stats/publications/Measuring_sustainable_development.pdf>. Acesso: 27 ago. 2010.

KASSER, T. *The high price of materialism*. Cambridge: MIT Press, 2003.

KLEIDON, A.; LORENZ, R. Entropy production by earth system processes. In: *Non-equilibrium thermodynamics and the production of entropy*, Springer , 2005.

KOSOY, N.; CORBERA, E. Payments for ecosystem services as commodity fetishism. *Ecological Economics*, n. 69, p. 1228-1236, 2010.

LAWN, P. (Ed.). *Sustainable development indicators in ecological economics*. Cheltenham: UK, 2006.

LAYARD, R. *Happiness*: lessons from a new science. New York: Penguin, 2005.

LOW, B.; COSTANZA, R.; OSTROM, E.; Wilson, J. Human ecosystem interactions: a dynamic integrated model. *Ecol.Econ*, v. 31, n. 2, p. 227-242, 1999.

MÄLER, K. G.; ANIYAR, S.; JANSSON, A. Accounting for ecosystem services as a way to understand the requirements for sustainable development. *Proceedings of the National Academy of Sciences*, v. 105, n. 28, p. 9501-9506, 2008.

MARTINEZ-ALIER, J., Introduction. In: MARTINEZ-ALIER, J. (Ed.). *Ecological economics*: energy, environment and society. Cambridge: Blackwell, 1987, p. 1-19.

McCAULEY, D. J. Selling out on nature. *Nature*, n. 443, p. 27-28, 2006.

MURADIAN, R.; CORBERA, E.; PASCUAL, U.; KOSOY, N.; MAY, P. H. Reconciling theory and practice: an alternative conceptual framework for understanding payments for environmental services. *Ecological Economics*, n. 69, p. 1202-1208, 2010.

NORDHAUS, W. D.; TOBIN, J. Is growth obsolete? In: *Economic research:* retrospect and prospect. New York: NBER, 1972. v. 5: Economic Growth, p. 1-80. Disponível em: <http://www.nber.org/chapters/c7620>. Acesso em: 15 set. 2010.

ODUM, H. T. *Environment, power, and society*. New York: Wiley, 1971.

OSTROM, E.; BURGER, J.; FIELD, C. B.; NORGAARD, R. B.; POLICANSKY, D. Revisiting the Commons: local lessons, global challenges. *Science*, v. 284, p. 278-282, 1999.

PARTIDÁRIO, M. R.; SHEATE, W.; BINA, O.; BYRON, H.; AUGUSTO, B. Sustainability assessment for agriculture scenarios in Europe's mountain areas: lessons from six study areas. *Environmental Management*, v. 43, n. 1, p. 144, 2009.

PARTIDÁRIO, M. R.; VICENTE, G.; BELCHIOR, C. Can New Perspectives on Sustainability Drive Lifestyles? *Sustainability*, 2010, 2, 1-x manuscripts; Disponível em: <www.mdpi.com/journal/sustainability>. Acesso em: 20 jul. 2010.

PHILLIS, Y. A.; ANDRIANTIATSAHOLINIAINA, L. A. Sustainability: an ill-defined concept and its assessment using fuzzy logic. *Ecological Economics*, v. 37, n. 3, p. 435-456, 2001.

PINKER, S. *The blank slate*: the modern denial if human nature. New York: Viking, 2002.

PIORE, M. J. From bounded rationality to behavioral economics: comment on amitai etzioni statement on behavioral economics. *SASE,* jul.

2009. Disponível em: <http://econ-www.mit.edu/files/5222>. Acesso em: 1º set. 2010.

PRUGH, T.; COSTANZA, R.; DALY, H. *The local politics of global sustainability*. Washington: Island Press, 2000.

REPETTO, R.; MCGRATH, W.; WELLS, M.; BEER, C.; ROSSINI, F. *Wasting assets*: natural resources in the national income accounts. Washington: World resources Institute, 1989.

ROBERTSON, M. M. The nature that capital can see: science, state, and market in the commodification of ecosystem services. *Environment and Planning D-Society & Space*, n. 24, p. 367-387, 2006.

RUSTICHINI, A. Emotion and reason in making decisions. *Science*, v. 310, n. 5754, p. 1624-1625, 2005.

SACHS, I. Em busca de novas estratégias de desenvolvimento. *Estud. Av.*, São Paulo, v. 9, n. 25, set./dec., 1995.

SACHS, I. *L'écodéveloppement, stratégies de transition vers le xxiéme siècle*. Paris: Syros, 1993.

SAMUELSON, P. A Note on the pure theory of consumers' behaviour. *Economica,* n. 5, p. 61-71, 1938.

SERRES. P. *Le contrat naturel*. Paris: François Bourin, 1990.

STIGLITZ, J. E.; SEN, A.; FITOUSSI, J. P. *Report by the commission on the measurement of economic performance and social progress*. Paris: 2009. Disponível em: <http://www.stiglitz-sen-fitoussi.fr>. Acesso em: 12 set. 2010.

UMANA, A.; ORR, D.; OSTROM, E.; YOUNG, O.; HAWKEN, P.; BARNES, P.; COSTANZA, R. Creating an Earth Atmospheric Trust. A system to control climate change and reduce poverty. 2010. Disponível em: <http://www.grist.org/article/creating-an-earth-atmospheric-trust>. Acesso em: 3 set. 2010.

UN (UNITED NATIONS). *United Nations Convention on the Law of the Sea*. 1982. Disponível em: <http://www.un.org/Depts/los/convention_agreements/convention_overview_convention.htm>. Acesso em: 7 set. 2010.

van DEN BELT, M.; COSTANZA, R.; DEMERES, S.; DIAZ, S.; FERREYRA, G. A.; GIANESELLA, S. M. F.; KOCCH, E.; MOMO, F.; VER-

NET, M. Mediated Modeling for integrating Science and Stakeholders: Impacts of Enhanced Ultraviolet-B Radiation on Ecosystem Services. In: TIESSEN, H. BRKLASCH, M.; BREULMANN, G.; MENEZES, R. S. C. (Eds.). Communicating Global Change Science to Society. *Scope*, Washington, n. 68, p. 179-186, 2007.

VASCONCELOS, J. Behavioral commerce. *Jornal Folha de S. Paulo*, 19 ago. 2010. Mercado, Caderno B, p. 11.

VEIGA, J. E. Indicadores de Sustentabilidade. *Estudos Avançados*, v. 24, n. 68, p. 39-52, 2010.

WCED (World Commission on Environment and Development). *Our Common Future*. WCED, 1987.

WEINGERT, P. Communicating Science in Democratic Media Societies. In: TIESSEN, H.; BRKLASCH, M.; BREULMANN, G.; MENEZES, R. S. C. (Eds.). Communicating Global Change Science to Society. *Scope*, n. 68, Washington, p. 55-62, 2007.

WILSON, J.; LOW, B.; COSTANZA, R.; OSTROM, E. Scale misperceptions and the spatial dynamics of a sociological economic system. *Ecol. Econ.*, v. 31, n. 2, p. 243-257, 1999.

4 O sistema oceano

Uma imensa massa contínua de água salgada em movimento, preenchendo as depressões da crosta terrestre entre as massas continentais, abrigando uma gigantesca variedade de organismos e em constante interação com a atmosfera e com as terras emersas – esse é o sistema oceano. Apesar de particularidades locais, as cinco grandes massas oceânicas principais – Atlântico, Pacífico, Índico, Ártico e Antártico – estão interligadas e, em grande escala espacial e temporal, acabam por funcionar como um sistema único. O presente capítulo apresenta, de forma sucinta, algumas características da estrutura física e química, da biocenose e do funcionamento dos oceanos para subsidiar o entendimento dos processos que nele ocorrem e sua dinâmica. Essa compreensão é fundamental para que o uso, manejo e exploração dos oceanos possa ser planejado e realizado de uma maneira sustentável.

4.1 A água e a Terra

A água é um composto relativamente comum no universo, posto que o hidrogênio é o elemento mais abundante e o mais simples que existe, assim como o oxigênio é o segundo elemento quimicamente ativo mais abundante (ANDERS; EBIHARA, 1982). A água no estado líquido, entretanto, é muito menos comum, pois exige um ambiente planetário para existir como tal, isto é, requer uma faixa estreita de temperatura e pressão, como as existentes na Terra, decorrentes de uma série de características que podem ser encontradas em nosso planeta. No contexto cósmico, a Terra tem um tamanho ideal e ocupa uma distância do Sol que lhe garante receber uma quantidade de calor que proporciona temperaturas na superfície terrestre compatíveis com a existência de água no estado líquido. Além disso, a presença da Lua (e suas características de massa e movimento) proporciona estabilidade ao movimento de rotação terrestre, o que garante uma distribuição homogênea da temperatura entre dia e noite.

A Terra tem um núcleo líquido, cuja rotação cria seu campo magnético. Esse campo magnético tem a capacidade de defletir muitas partículas com cargas provenientes do espaço, que, de outra forma, tenderiam a interagir com a atmosfera terrestre aquecendo-a e fazendo com que a água fosse perdida, como provavelmente ocorreu com Vênus e Marte, que não têm campo magnético. E, finalmente, o enorme planeta Júpiter, ocupando uma órbita mais externa à Terra, é capaz de atrair asteroides e cometas maiores, fornecendo uma boa proteção para a Terra contra impactos de corpos celestes de grande magnitude, que poderiam afetar tanto a hidrosfera como a atmosfera. Assim, esse conjunto de características propiciou a manutenção de uma atmosfera com temperaturas que permitem a existência da grande massa de água líquida na superfície e também água nos estados sólido e gasoso (LINEWEAVER; SCHWARTZMAN, 2004).

A origem de toda a água existente na Terra é uma questão ainda não totalmente elucidada. Certamente, a maior parte dela foi proveniente do processo de resfriamento do planeta, a partir da nuvem de gás original formada há cerca 4,5 bilhões de anos. Materiais de diferentes densidades se separavam no interior do planeta, com elementos mais pesados afundando em direção ao centro, e os mais leves aflorando na superfície, em uma sequência de fusões e solidificações. Desse processo, conhecido como **fenômeno da diferenciação**, resultou a peculiaridade de a composição química da crosta terrestre diferir daquela do universo.

O elemento mais abundante na crosta terrestre é o oxigênio, representando aproximadamente 47% de sua massa. O silício é o segundo elemento mais abundante (27,7%), seguido por alumínio (8,1%), ferro (5,0%), cálcio (3,6%), sódio (2,8%), potássio (2,6%), magnésio (2,1%) e titânio (0,4%). Portanto, esses nove elementos somam aproximadamente 99% da massa total da crosta.

Durante a formação do planeta, gases leves como hidrogênio, hélio e metano, além de vapor de água, eram expelidos do interior da Terra para a atmosfera primitiva, por meio de vulcões e fissuras na crosta. A maior parte desse material era perdida para o espaço em virtude das altas temperaturas da atmosfera. Com o passar do tempo, a perda de gases para o espaço foi diminuindo e então eles passaram a acumular-se na atmosfera. Próximo ao topo da atmosfera, onde o calor podia ser perdido para o espaço, o vapor de água se condensava e precipitava-se na camada inferior de vapor, resfriando, assim, as camadas inferiores da atmosfera.

Esse processo de resfriamento continuou até que a água líquida pôde atingir a superfície da Terra, vaporizando-se em seguida, em decorrência das altas temperaturas da crosta. Durante esse processo, asteroides ainda estavam colidindo com a Terra em grande quantidade até cerca de 3,9 bilhões de anos atrás. Impactos colossais podem ter vaporizado toda a água da superfície do planeta diversas vezes, de modo que a formação dos oceanos foi um processo lento, através de eras geológicas.

Por outro lado, há a hipótese de que, ao menos, parte da água na Terra tenha sido proveniente de cometas e asteroides ricos em água – originários das bordas do sistema solar e do cinturão de asteroides de Kuiper – que colidiram em grande número com a Terra em seus primórdios, contribuindo para o acúmulo de grandes quantidades de água na superfície terrestre.

Até mesmo os organismos quimioautotróficos primitivos também tiveram sua parcela de contribuição para a formação de água: para produção de matéria orgânica, utilizavam gás sulfídrico e gás carbônico dissolvidos na água, liberando água e enxofre como produtos finais. Organismos anaeróbicos fermentadores também produzem água, de forma que a contribuição biológica para a formação da água na Terra é indiscutível, apesar de ainda não ter sido quantificada.

Os oceanos tornaram-se salgados em decorrência do aporte de materiais, tanto das rochas que compunham a superfície terrestre, como de material oriundo do manto, liberados na forma gasosa por vulcanismo. Os cátions (por exemplo: Na^+, Ca^{+2}, Mg^{+2} e K^+) são originários das rochas e a quantidade de metais disponível na crosta é compatível com o que é transportado para os oceanos. Já os ânions têm origem magmática, como é o caso de elementos como Cl, Br, N, S. O tempo de residência dos elementos na água do mar é função de seus ciclos biogeoquímicos, ou seja, a ciclagem entre os componentes bióticos (vivos) e abióticos (não vivos) do ambiente. Nos oceanos atuais, as principais fontes de sais são os rios, a dissolução de gases da atmosfera e a dissolução de elementos terrestres; ao passo que os sumidouros são a formação de sedimentos, a maresia e a remoção biológica. Os processos antrópicos podem atuar como fontes de materiais para os oceanos (poluição atmosférica e despejo de resíduos industriais, agrícolas e domésticos diretamente no mar), e também como sorvedouros (extração de sal e exploração de minérios).

4.2 Oceano: estrutura e processos

Os oceanos e mares comportam cerca de 98% do total de água da hidrosfera, recobrindo aproximadamente 71% da superfície do planeta, uma área equivalente a 361.841 milhões de km^2 com profundidade média de 3.682 km (CHARRETE; SMITH, 2010). No entanto, a maior parte dos fundos oceânicos encontra-se em profundidades abaixo de 2.000 m.

O papel dos oceanos na regulação do clima da Terra é fundamental. Em virtude das propriedades da água (especialmente seu alto calor específico), os oceanos se aquecem e se resfriam muito mais lentamente que a atmosfera, constituindo grandes reservatórios de calor. O excesso de calor recebido no equador é transportado em direção às regiões polares por meio da interação oceano–atmosfera. Essa distribuição de calor propicia a existência de temperaturas amenas com flutuações moderadas permitindo a sobrevivência dos organismos na Terra.

4.2.1 Estrutura geomorfológica dos oceanos

Alfred Wegener, astrônomo alemão, propôs, em 1912, a teoria da Deriva Continental na tentativa de explicar a presença de algumas feições da crosta terrestre, tais como dobras (especialmente nas áreas montanhosas) e fendas, tanto nos continentes quanto no assoalho oceânico. Essas observações, aliadas à grande semelhança entre os contornos do leste da América do Sul e do oeste da África (sugerindo um encaixe pretérito), indicavam que a crosta terrestre está em movimento, sofrendo contração, em alguns pontos, e expansão, em outros. De acordo com essa teoria, há 225 milhões de anos, os atuais continentes formavam um bloco único, denominado Pangeia. Com a separação desse bloco, individualizaram-se os continentes e oceanos atuais, particularmente o oceano Atlântico. Essa teoria recebeu respaldo pelas semelhanças na estrutura geológica e nos fósseis, verificados na costa leste América do Sul e costa oeste da África. Mais tarde, depois da segunda guerra mundial, estudos de paleomagnetismo corroboraram a teoria da Deriva Continental.

Sabe-se que a crosta terrestre é formada por um conjunto de placas rígidas e indeformáveis que estão em contato entre si. São sete as placas litosféricas principais (maiores), cinco secundárias e outras menores. Essas placas flutuam sobre as astenosfera (camada superior do manto) e apresentam movimentos laterais de deriva e, periodicamente, pequenos movimentos verticais. As zonas de contato dessas placas podem ser do tipo convergente (quando uma move-se em direção à outra) ou divergente (quando elas se afastam). As junções convergentes geram uma zona de subducção, onde há o afundamento de uma placa sob a outra e reabsorção do material rochoso (processo chamado de destilação). Nesses casos, o assoalho oceânico está sendo comprimido, como ocorre na placa do Pacífico, nas regiões onde as fossas submarinas são encontradas.

Nas zonas de divergência, há a formação de cordilheiras oceânicas. No topo dessas cordilheiras, o material magmático é expelido e a crosta está constantemente sendo formada, causando a expansão do assoalho oceânico. No Atlântico e no Índico, a expansão do assoalho empurra os continentes adjacentes para direções opostas e, portanto, esses dois oceanos estão se ampliando.

Quando as placas se movem lateralmente essa junção é denominada falha. Um exemplo é a famosa falha de San Andreas, na Califórnia, delimitada pela placa Americana, com movimento geral na direção SE, e pela placa do Pacífico, com movimento geral na direção NW. As grandes pressões do manto transferem energia para as placas desencadeando seus os movimentos. A liberação dessa energia pode gerar erupções vulcânicas, tremores de terra e tsunamis, cujas intensidades variam de acordo com a quantidade de energia liberada e a localização do seu ponto de origem (epicentro).

A região submersa da crosta terrestre apresenta três grandes províncias batimétricas: a **margem continental**, a **bacia oceânica** e as **cordilheiras oceânicas** (Figura 4.1). Essas províncias apresentam características peculiares e diversas feições de relevo.

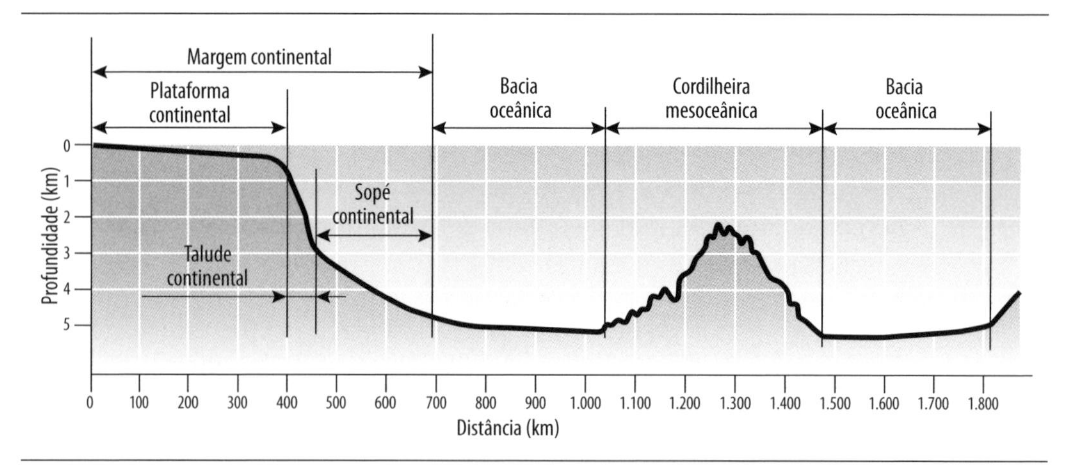

FIGURA 4.1 – Representação das principais províncias do relevo submarino (com exagero vertical de cerca de 50 vezes).
Fonte: Schmiegelow, 2004.

A margem continental é subdividida em: plataforma, talude e sopé continental. Sob a óptica da teoria da deriva continental, existem as margens passivas e ativas. As margens passivas (tipo Atlântica) são mais amplas, pois são empurradas com o continente à medida que o assoalho oceânico se expande (por exemplo: costa leste da América e oeste da África). As margens ativas (tipo Pacífica) são mais estreitas e frequentemente apresentam fossas junto ao talude, características de zonas de subducção (por exemplo: margem continental do Peru).

A **plataforma continental** corresponde ao prolongamento do continente na área submersa. O declive do terreno é suave e sua extensão varia em função do tipo de margem e do aporte de sedimentos que provêm do continente. A largura média das plataformas é de 78 km, porém elas podem variar de zero até 1.500 km. As regiões de plataforma continental representam cerca de 7,5% da superfície do oceano, e, as águas sobre essas regiões, menos de 0,15% de seu volume (POSTMA, 1988).

Entretanto, são áreas de grande interesse econômico e biológico porque detêm a maior abundância e diversidade de organismos. Várias espécies marinhas têm todo o seu ciclo de vida associado a essas regiões, enquanto outras habitam áreas mais protegidas da plataforma durante uma parte do seu desenvolvimento. Por outro lado, por sua estreita relação com os continentes, as plataformas também estão mais sujeitas aos efeitos das ações antrópicas.

O limite da plataforma é evidenciado pela abrupta diferença de inclinação do relevo. Essa região é denominada **quebra de plataforma**, cuja profundidade média é de 150 m e apresenta características oceanográficas peculiares e importantes. A partir da quebra de plataforma encontra-se o **talude continental**, com alta declividade e relevo acidentado, apresentando cânions, geralmente relacionados a áreas de desembocadura de grandes rios atuais ou pretéritos, por onde fluem grandes quantidades de sedimentos que se depositam na base do talude, formando um leque aluvial. Na base do talude ocorre a deposição de sedimentos oriundos tanto da plataforma como do próprio talude, formando uma região de declive mais suave, conhecida como **sopé continental**. A extensão do sopé continental pode variar bastante de um ponto para outro e são encontrados em profundidades abaixo dos 1.500 m até 9.000 m. O sopé continental é a feição que define o limite da **margem continental**.

A margem continental é a região onde são estabelecidas as divisões políticas de soberania nacional, como o do Mar Territorial (12 milhas náuticas (mn) = 22 km) e a Zona Econômica Exclusiva (até 200 mn ou 370 km).

A **bacia oceânica** constitui a porção do assoalho oceânico que se estende do sopé continental à cordilheira oceânica ou até outra margem continental. O relevo da bacia oceânica apresenta diversas feições como: as planícies abissais, que são áreas extensas e bastante planas; os platôs submarinos, que são áreas submersas elevadas e relativamente planas que não fazem parte das cordilheiras oceânicas; as ilhas vulcânicas, que podem estar relacionadas às cordilheiras oceânicas ou a outras áreas de atividade vulcânica; os montes marinhos, feições vulcânicas que não atingem a superfície; os atóis, de origem coralina (como o Atol das Rocas), além das fossas submarinas, que constituem zonas de convergência de placas litosféricas, com grandes profundidades e geralmente associadas a arcos insulares. A fossa das Marianas, no Pacífico norte, é a maior depressão da crosta terrestre, com 11.035 m de profundidade, seguida pela de Mindanao, nas Filipinas, com 10.830 m.

O contraponto às fossas submarinas é representado pelas **cordilheiras oceânicas**, cadeias de montanhas de origem vulcânica, que atingem altitudes de 2.000 a 4.000 m acima do assoalho oceânico, podendo aflorar em alguns pontos, formando as ilhas oceânicas (como Trindade e Martin Vaz). Essas cordilheiras correspondem a regiões de divergência entre placas litosféricas, onde há extrusão de material do manto em áreas de fratura, promovendo a expansão do fundo marinho a uma taxa que varia de 1 a 10 cm ano^{-1}.

4.2.2 Domínios oceânicos

No ambiente oceânico podemos identificar o domínio pelagial, relacionado à coluna de água, e o bentônico, relacionado aos substratos, ao fundo. Esses dois domínios apresentam fortes interações em áreas rasas em várias escalas espaço-temporais. No entanto, mesmo as regiões mais profundas têm papel relevante nos processos que ocorrem na coluna de água.

Domínio pelagial – a coluna de água

Horizontalmente, o domínio pelagial divide-se nas regiões: **nerítica** (até o limite da plataforma continental) e **oceânica**, que se estende da quebra de plataforma de um continente à outra do continente vizinho. Verticalmente, temos as zonas epipelágica (da superfície até os 200 m de profundidade), mesopelágica (de 200 a 1.000 m), batipelágica (de 1.000 a 4.000 m), e abissopelágica (dos 4.000 m até o fundo). O ambiente hadal refere-se às fossas submarinas.

Vários são os fatores determinantes das características e variabilidade da estrutura da coluna de água. Dentre os principais, podemos citar: a incidência de radiação solar, temperatura, salinidade e densidade da água, os nutrientes dissolvidos e as correntes marinhas. Esses fatores atuam de forma sinergística, de modo que a ação de um interfere na do outro, determinando condições diferentes das que seriam observadas isoladamente. Dessa maneira, são estabelecidos diversos hábitats que são explorados pelos organismos de acordo com suas características e capacidade de adaptação.

Os padrões de incidência e distribuição da radiação solar na Terra são fatores determinantes da temperatura da atmosfera e dos oceanos, que, por sua vez, geram o padrão principal de circulação dos ventos e das correntes oceânicas superficiais. A quantidade de energia solar que atinge as regiões polares por unidade de área é da ordem de 75 a 50% inferior àquela que alcança a região equatorial, pela maior inclinação dos raios solares nas altas latitudes. Portanto, a variação latitudinal é muito importante não só no ambiente terrestre, mas também no ambiente marinho por gerar condições climáticas distintas em termos de iluminação, temperatura e estrutura da coluna de água. A taxa na qual a energia solar atinge a superfície terrestre, além de variar com a latitude, depende também da estação do ano, da hora do dia e do albedo local. Em média, essa taxa é igual a 42 cal m^{-2} ou 175 W m^{-2}.

O albedo é a razão entre a quantidade de radiação eletromagnética refletida pela superfície de um corpo (de maneira direta ou difusa), em função da quantidade de radiação incidente. Constitui um fator muito importante em ciências atmosféricas, climatologia, sensoriamento remoto, oceanografia e astronomia. Quanto maior for o albedo, maior é a refletividade do corpo. Por exemplo: para a luz visível, a neve fresca tem albedo em torno de 90%, enquanto o albedo médio da superfície oceânica é pequeno, da ordem de 10%. O albedo médio terrestre varia entre 37 e 39%. Nos oceanos, o albedo varia com a nebulosidade, o ângulo de elevação do Sol, a velocidade do vento e, consequentemente, a rugosidade da superfície do mar e com a composição quali-quantitativa do material particulado e dissolvido na água.

Portanto, parte da radiação solar que atinge a superfície da água é refletida de volta para a atmosfera e outra parcela penetra na água. À medida que penetra na água, a luz sofre atenuação em sua intensidade e modificações em sua composição espectral, pois sofre absorção e dispersão pelas substâncias que se encontram dissolvidas e em suspensão. A cor que observamos na água do mar corresponde às faixas de luz que são menos absorvidas, sendo refletidas de volta para a atmosfera. As águas oceânicas, que possuem pouco material em suspensão, apresentam o característico tom azul-marinho, justamente pelo fato de ser essa a faixa de radiação menos absorvida pela água.

A porção da coluna de água em que há incidência de até 1% da luz que chega à superfície é conhecida como **zona eufótica**. Em águas oceânicas límpidas, ela pode chegar a 100-200 m de profundidade, porém em zonas costeiras de águas turvas como estuários, pode ser restrita a apenas alguns centímetros. Considerando-se que a profundidade média dos oceanos é de quase 4 km, a zona eufótica representa uma diminuta camada do ambiente pelágico, o que contrasta com o seu papel crucial para a vida marinha. É na zona eufótica que ocorre toda a produção de matéria orgânica por processos fotossintéticos, realizados por organismos do fito e bacterioplâncton autótrofo e macroalgas, pelo fato de esses organismos dependerem da luz para realizar a fotossíntese. É importante ressaltar que apenas parte da radiação solar, que compreende o espectro de luz visível, é efetivamente utilizada na fotossíntese, a chamada radiação fotossinteticamente ativa (de 400 a 700 nm).

O limite da zona eufótica é empírico, considerado como o ponto em que a produção fotossintética se equipara às perdas respiratórias dos autótrofos, não havendo mais produção excedente (ou produção líquida).

Abaixo da zona eufótica encontram-se as zonas **disfótica** (em que ainda há luz em pequeníssima quantidade) e a zona **afótica** que é absolutamente escura e predominante nos oceanos. Nessa região há produção de matéria orgânica apenas por processos quimiossintéticos, como ocorre nas fontes hidrotermais situadas nas fissuras da crosta terrestre, em que a produção primária é baseada na utilização microbiológica de gás sulfídrico, expelido do manto, sustentando uma ampla gama de organismos que se estabelecem nessas áreas.

A radiação infravermelha é um componente do espectro solar responsável pela condução de calor (radiação térmica), sendo absorvida nos primeiros centímetros da água. Essa radiação é retida na atmosfera principalmente por moléculas de CO_2 e H_2O, mas também de outros gases como metano (CH_4) e óxidos nitrosos (NOx), provocando o que se conhece por **efeito estufa** – calor não dissipado para o espaço que causa o aumento da temperatura na atmosfera inferior. O efeito estufa é um processo natural na Terra e também é responsável pela manutenção do clima. Entretanto, no último século, verificou-se uma elevação das concentrações dos GEEs (gases de efeito estufa) na atmosfera, que pode estar promovendo uma amplificação desse fenômeno e gerando alterações climáticas. Por sofrerem aquecimento tanto pela penetração da radiação solar, como pela condução de calor pela atmosfera, as camadas superficiais dos oceanos estão diretamente sujeitas à ação do efeito estufa.

Em virtude do aquecimento das camadas superficiais da coluna de água pela ação direta do Sol e condução de calor da atmosfera, como dito anteriormente, a estrutura térmica vertical dos oceanos apresenta três camadas básicas: a **camada de mistura**, rasa e superficial (50 a 150 m de profundidade), com temperaturas mais altas e distribuição geralmente uniforme, decorrente da mistura pelos ventos, efeito de ondas, correntes e marés; a **zona de transição** em que há um abrupto decréscimo da temperatura (região chamada de **termoclina permanente**) e o **oceano profundo** onde a temperatura é bastante estável, geralmente inferior a 4 °C.

De acordo com séries temporais (de 1901 a 2000) registradas pelo National Climatic Data Center dos Estados Unidos[1], a temperatura média da superfície do mar é de 16,1 °C. A temperatura da superfície do mar (TSM) tem grande influência sobre a atmosfera e o clima e é um parâmetro importante para estudos oceanográficos baseados em sensoriamento remoto.

Na camada de mistura das regiões tropicais e subtropicais ocorre também uma termoclina mais rasa nos períodos mais quentes do ano, a **termoclina sazonal**. As características da termoclina determinam o grau de mistura entre as massas de água superficiais, geralmente pobres em nutrientes, com as águas frias e mais profundas, ricas em nutrientes. Esses processos de mistura são fundamentais para a manutenção da produtividade marinha (que será discutida mais adiante).

A termoclina permanente é uma feição perene em todos os oceanos, exceto nas regiões polares, onde a coluna de água apresenta-se fria e termicamente homogênea, com pequenas variações ao longo do ano. Ela situa-se entre 100 e 500 m de profundidade e atua como uma barreira física entre as águas da camada de mistura e as águas frias profundas.

Um fenômeno interessante é que a água salgada congela-se a temperaturas mais baixas que a água pura (por exemplo: o ponto de congelamento da água com salinidade 35 ocorre a –1,9 °C). A temperatura nos oceanos varia desde o ponto de fusão até valores acima de 300 °C em áreas com atividade vulcânica. Nas regiões equatoriais as temperaturas superficiais oscilam entre 26 e 30 °C com uma pequena variação anual (da ordem de 1 °C). A 40° de latitude, essa variação pode chegar até 10 °C, voltando a diminuir em direção aos polos. Pelo fato de o gelo ter densidade menor que a da água no estado líquido, nas regiões polares, a superfície do mar se congela, mas a coluna de água abaixo permanece no estado líquido, permitindo a sobrevivência dos organismos aquáticos.

---

[1] Fonte: NOAA Satelite and Informations Service. Disponível em: <http://www.ncdc.noaa.gov/cmb-faq/anomalies.html#mean>. Acesso em: 30 ago. 2010.

O principal mecanismo de remoção de calor da água é a evaporação. Nos trópicos, em virtude das altas temperaturas, existe mais vapor de água na atmosfera. Outros mecanismos naturais que podem alterar a temperatura da água nos oceanos são: a formação ou dissolução do gelo, descarga de água doce, precipitação atmosférica e misturas verticais de massas de água.

A temperatura também atua diretamente sobre outras características da água, como sua densidade e o grau de solubilidade de gases. A diminuição da temperatura aumenta a densidade da água e a solubilidade dos gases no oceano. Em temperaturas menores, a energia cinética das moléculas dos gases é menor e, por isso, essas moléculas tendem a permanecer misturadas no líquido. Assim, as águas oceânicas mais frias tendem a ter maior concentração de oxigênio e gás carbônico dissolvidos, por exemplo.

A distribuição dos organismos nos ambientes também depende das características térmicas locais e da capacidade fisiológica de cada organismo adaptar-se ao meio. Assim, em termos latitudinais, existe uma zonação da fauna e da flora marinhas, constituindo ambientes com características distintas (como também se observa nos biomas terrestres). Entretanto, há algumas espécies de organismos que apresentam ampla tolerância a variações de temperatura (**euritérmicas**) e podem ser encontrados em vários desses ambientes, são as espécies cosmopolitas.

A água do mar é uma solução resultante da dissolução de vários elementos químicos isolados ou formando compostos, em fase sólida ou gasosa. A maior parcela desse material dissolvido corresponde a sais inorgânicos. A salinidade é a medida da quantidade de sais presentes na água e, atualmente, é apresentada como uma variável adimensional. A salinidade média da água do mar é de 35, ou seja, em 1 kg de água do mar há, em média, 35 g de sais dissolvidos.

Os componentes da água do mar podem ser divididos em duas categorias: os **conservativos** e os **não conservativos**. Os elementos conservativos são os que ocorrem em altas concentrações, sendo eles: Cl^-, Na^+, SO_4^{-2}, Mg^{+2}, Ca^{+2} e o K^+. Somados, correspondem a 99,28% do total peso dos sólidos presentes na água. As proporções relativas desses elementos se mantêm constantes, independentemente do valor absoluto da salinidade, com raras exceções. Os componentes não conservativos abrangem os sais nutrientes, tais como o N, P, e Si (que serão apresentados com mais detalhes adiante), essenciais para o crescimento dos organismos fotoautótrofos marinhos; os elementos-traço, aqueles encontrados em concentrações ínfimas (da ordem de partes por milhão, bilhão ou trilhão, respectivamente ppm, ppb e ppt); e os gases dissolvidos, que são os mesmos que encontramos na atmosfera, apenas em concentrações diferentes, pois dependem da capacidade de solubilização da água. Evidências geológicas indicam que a composição química da água do mar não se alterou significativamente nos últimos 1,5 bilhão de anos (SCHMIEGELOW, 2004).

As águas superficiais são as que apresentam maiores variações de salinidade em decorrência da evaporação, precipitação atmosférica, aporte de águas costeiras e formação ou derretimento de gelo. Nas regiões tropicais, a salinidade tem uma amplitude de variação maior, geralmente entre 34 a 40. Nas regiões temperadas e polares, há variações sazonais de acordo com o ciclo climático; nas regiões costeiras, próximas à desembocadura de grandes rios, a salinidade pode chegar a valores como 20 ou até inferiores de acordo com o volume de água doce recebido. Já nas águas profundas, a salinidade é praticamente constante, variando entre 34 a 35. A salinidade é uma variável importante para a caracterização das massas de água e determinante para a criação de hábitats para os organismos.

O peso que a coluna de água exerce por unidade de área é chamado pressão hidrostática. Essa pressão é função da profundidade (altura da coluna de água) e também, em menor escala, da densidade da água. Em média, a pressão hidrostática aumenta 1 atmosfera (atm) a cada 10 m de aumento na profundidade. Dessa maneira, a pressão hidrostática impõe limites à sobrevivência de organismos em camadas mais profundas da coluna de água, exigindo adaptações morfológicas e fisiológicas dos habitantes dos ambientes profundos. O aumento da pressão induz ao aumento na densidade da água, da solubilidade de gases e, sob altas pressões, observa-se também um leve aumento da temperatura, da ordem de 1 °C sob 400 atm (SOARES-GOMES; FIGUEIREDO, 2002).

A densidade da água do mar é função, basicamente, da temperatura e da salinidade. A pressão exerce efeito em menor grau. As águas mais densas são aquelas mais frias e as mais salinas. A densidade da água do mar varia geralmente entre 1,021 a 1,028 g cm^{-3}. Porém, na dinâmica marinha, pequenas variações na densidade são significativas. Assim, nos estudos de oceanografia física são consideradas as variações de densidade até a quinta casa decimal. Para facilitar o trabalho com esses dados, adotou-se o sigma-t (σ_t) como parâmetro indicador da densidade. Trata-se do valor real da densidade do qual se subtrai 1,0 g cm^{-3} e multiplica-se o resultado por 1.000. Por exemplo, uma densidade de 1,02456 g cm^{-3} corresponde a um σ_t de 24,56 g cm^{-3}.

As águas menos densas tendem a se manter nas camadas superficiais enquanto as mais densas sofrem afundamento até encontrarem seu ponto de equilíbrio. A região de transição entre as águas menos densas da camada de mistura e as águas frias profundas é conhecida como picnoclina, que geralmente coincide com a termoclina. De maneira análoga, observa-se também a formação de uma picnoclina sazonal, acompanhando a termoclina sazonal. Em regiões estuarinas, nas quais ocorre mistura entre água doce e salgada, a salinidade geralmente é mais importante que a temperatura para a estratificação de densidade da água.

A diferença de densidade entre as águas é um fator que gera movimento, a circulação termohalina, que será apresentada mais adiante.

Apesar de constituírem um meio fluido contínuo, os oceanos apresentam grandes porções de água com características particulares que as individualizam, são as chamadas **massas de água**. São identificadas de acordo com a faixa de variação e os valores médios de temperatura e salinidade que apresentam (características termohalinas). Como os volumes de água nessas massas são muito grandes e as misturas entre massas de água adjacentes são lentas, o padrão geral é a manutenção das suas características termohalinas. As massas de água são denominadas basicamente de acordo com a região de formação e a profundidade em que ocorrem. Para exemplificar, na costa do Brasil encontram-se a Água Tropical, quente e salina que flui nas camadas superficiais, e a Água Central do Atlântico Sul, fria e menos salina que flui abaixo da camada de mistura. A distribuição das massas de água é um fator fundamental na estrutura do ambiente pelágico.

Os nutrientes são os elementos presentes na água do mar essenciais ao desenvolvimento dos organismos chamados produtores primários (vide seção "os habitantes dos oceanos"). Eles são assimilados pelos produtores primários por mecanismos passivos (difusão) ou ativos (com gasto de energia) e utilizados nos processos metabólicos e na produção de biomassa para o crescimento e reprodução, sendo assim incorporados à matéria orgânica. Através da cadeia trófica, os nutrientes são repassados aos demais organismos e voltam ao ambiente por meio da excreção e morte dos indivíduos e decomposição do material orgânico. Portanto, os nutrientes são a fonte básica para a existência de vida aquática (e terrestre, obviamente). Como a fotossíntese é dependente da luz, os nutrientes presentes na zona eufótica são consumidos e, se não houver reposição do suprimento nutricional nessas águas superficiais, a produtividade fica limitada e decresce a valores mínimos. Portanto, um dos aspectos principais na caracterização do ambiente pelágico é avaliar disponibilidade de nutrientes na camada de mistura e os mecanismos de reabastecimento.

A distribuição de nutrientes nos oceanos como um todo é determinada por fatores como circulação oceânica, processos biológicos de absorção e remineralização, pelo afundamento de fragmentos orgânicos ao longo da coluna de água e subsequente regeneração de nutrientes, por migrações dos animais e pelo suprimento terrígeno (POSTMA, 1971). De um modo geral, as concentrações de nutrientes são menores nas camadas superficiais da coluna de água e aumentam em direção ao fundo. O gradiente de concentrações muitas vezes segue um padrão semelhante ao da termoclina e é denominado nutriclina. As águas mais profundas são mais ricas em nutrientes já que o consumo é menor (ou nulo) e há o aporte contínuo de material orgânico que sedimenta e sofre decomposição na coluna de água e no sedimento. Em relação à distribuição horizontal, as regiões costeiras têm maior disponibilidade de nutrientes, cujas concentrações diminuem em direção ao oceano aberto.

O aporte de nutrientes na camada de mistura pode ocorrer a partir de fontes autóctones ou alóctones. A regeneração de nutrientes a partir da decomposição de matéria orgânica (dissolvida ou particulada) presente na camada de mistura por ação bacteriana é considerada um processo autóctone, pois a fonte está no próprio local. São consideradas fontes alóctones o aporte de nutrientes via drenagem continental, a precipitação atmosférica, a fixação biológica de nitrogênio atmosférico e as misturas verticais com águas ricas em nutrientes localizadas abaixo da camada de mistura.

Os elementos conservativos que compõem da água do mar também são utilizados como nutrientes, porém, como são muito abundantes, eles não são limitantes ao desenvolvimento dos organismos. Acredita-se que todos os elementos químicos existentes naturalmente na Terra estejam presentes na água do mar, compondo os 0,01% restantes dos sais, uma vez que os íons bicarbonato, bromato, boro e estrôncio, representam 0,71% dos sais dissolvidos, que somados aos elementos conservativos, totalizam 99,99% dos sólidos dissolvidos. Parte desses elementos minoritários dissolvidos na água, aparentemente, não é utilizada pelos organismos. Porém, elementos como nitrogênio, fósforo e sílica são fundamentais e necessários em grandes quantidades e, por esse motivo, suas concentrações podem sofrer grandes variações na água. Esses são os chamados **nutrientes** e suas concentrações são da ordem de ppm.

Os **elementos-traço** são aqueles que existem na água em concentrações da ordem de ppb, como por exemplo: o ferro, cobre, cobalto, zinco, vanádio e selênio. Apesar de serem necessários em quantidades bem menores, os elementos-traço são igualmente importantes e sua carência pode limitar o desenvolvimento dos organismos. Um exemplo típico é o caso do ferro, que é o fator nutricional limitante na região Antártica, onde a biomassa dos produtores primários poderia ser maior em vista dos estoques de nitrogênio, fósforo e sílica, porém a carência de ferro impõe limites ao desenvolvimento. Isso foi comprovado por meio de experimentos de fertilização com ferro nessa região, o que resultou em um aumento significativo do fitoplâncton (o principal produtor primário marinho). Na verdade, essa é uma situação bastante comum em várias áreas dos oceanos. Isso motivou a realização de estudos e projetos de fertilização dos oceanos utilizando ferro. O intuito era estimular o crescimento do fitoplâncton para mitigar o efeito estufa, por meio do aumento da assimilação de CO_2 atmosférico pela fotossíntese. Como as implicações de longo termo dessa prática ainda não são bem compreendidas (BUESSELER et al., 2008), recentemente foi imposta uma moratória sobre a execução de experimentos *in situ*, até que haja um consenso sobre a viabilidade e segurança ambiental dessa prática.

Em casos particulares, alguns compostos orgânicos (ou seja, já previamente processados por atividade biológica) podem ser utilizados como fonte de nutrientes para os produtores primários, por exemplo: a ureia e aminoácidos como fonte de N, ou cofatores de crescimento como algumas vitaminas. Esses compostos também estão dissolvidos na água do mar, em baixas concentrações e não apresentam distribuição homogênea.

Corpos ou massas de água podem ser classificados de acordo com a disponibilidade nutricional que apresentam como: **oligotróficos**, **mesotróficos** e **eutróficos** (em ordem crescente de disponibilidade). Sendo assim, existem ambientes naturalmente oligotróficos, como os giros centrais dos oceanos, e eutróficos, como os estuários.

A eutrofização artificial de um ambiente é um processo que resulta no aumento da produção de matéria orgânica em decorrência do aumento na concentração de nutrientes dissolvidos resultantes de atividades antrópicas, como despejo de esgotos em áreas costeiras, drenagem ou percolação de águas enriquecidas por fertilizantes, dissolução de poeira atmosférica na água do mar, dentre outros. O acúmulo de matéria orgânica particulada acelera a atividade microbiana e o consumo de oxigênio nas águas. Em estágios avançados, especialmente em regiões de circulação mais restrita, ocorre a diminuição dos teores de oxigênio dissolvido (hipóxia), com possibilidade exaustão (anóxia) culminando com a morte dos organismos aeróbicos (NIXON, 1992).

A eutrofização de ambientes costeiros como resultado da atividade humana tem se tornado um importante problema em âmbito mundial. De acordo com Jongue et al. (2002), a comparação entre os níveis de nutrientes atuais com as concentrações prístinas (anteriores à disseminação do uso de fertilizantes e detergentes) em diferentes partes do mundo, indicam um aumento significativo nesses compostos, que se reflete no aumento da produtividade biológica. No entanto, esses autores salientam que cada sistema responde de maneira distinta à eutrofização, pois essas respostas dependem das condições físicas do ambiente, bem como dos processos de transformação e retenção dos nutrientes nos sistemas costeiros e estuarinos. Capriulo et al. (2002) contestam o senso comum que se formou sobre a eutrofização resultar sempre em efeitos negativos para o ambiente e a produção pesqueira, discutindo a possibilidade de a eutrofização ter aspectos benéficos para a biota.

Diaz e Rosemberg (2008) constataram que o aparecimento de zonas mortas (zonas anóxicas) nos oceanos tem aumentado exponencialmente desde os anos 1960, com sérias consequências para o funcionamento dos ecossistemas. A formação dessas zonas está diretamente relacionada a processos de eutrofização de áreas costeiras por meio do aporte fluvial de nutrientes (resultante do uso de fertilizantes) e queima de combustíveis fósseis. Essas zonas mortas foram identificadas em mais de 400 sistemas marinhos afetando uma área de 245 mil km^2.

A água do mar também contém todos os gases presentes na atmosfera, porém não nas mesmas proporções. A fonte desses gases é justamente a interação da superfície ar–mar. Como citado anteriormente, a solubilidade dos gases aumenta com o aumento da pressão e diminui com o aumento da temperatura nas águas oceânicas. Dentre todos os gases dissolvidos na água o oxigênio e o gás carbônico são os mais importantes. O oxigênio é bastante abundante em águas frias e profundas e, nas camadas superficiais, sofre muitas variações em decorrência do balanço entre os processos biológicos de produção (fotossíntese) e remoção (respiração e decomposição de matéria orgânica), outras reações químicas não biológicas e dos padrões de circulação e mistura de águas e trocas com a atmosfera.

O gás carbônico (CO_2) reage com a água e forma ácido carbônico (H_2CO_3), que se dissocia formando os íons H^+ e bicarbonato (HCO_3^-), o qual também pode se dissociar formando H^+ e carbonato (CO_3^{-2}). Esse sistema gás carbônico – ácido carbônico-bicarbonato – carbonato, conhecido com **sistema carbonato**, tende a permanecer em equilíbrio de modo que, se a concentração de uma das formas químicas diminuir, as reações ocorrerão no sentido de restabelecer o equilíbrio. Dessa forma, esse sistema atua como um tampão na água do mar, ou seja, impede variações no pH da água. O pH é uma medida da quantidade de íons H^+ livres no meio, que denota a característica ácida, neutra ou alcalina de uma solução. O aumento de um ponto na escala de pH corresponde a um aumento de 10 vezes na quantidade de H^+ livre, representando, portanto, uma escala logarítimica de base 10. O pH da água do mar varia entre 7,5 a 8,4, ou seja, é levemente alcalino. Contudo, em regiões mais interiores dos estuários esses valores podem ser mais baixos, da ordem de 6 ou até 5, portanto, com características ácidas, em função da alta quantidade de gás carbônico gerada pelos processos de respiração dos organismos e decomposição de matéria orgânica.

Com o aumento do CO_2 atmosférico o sistema carbonato está sendo desviado no sentido de dissolver maiores quantidades deste gás na água. Com isso, muitos pesquisadores têm focado o problema da acidificação dos oceanos, cujos efeitos sobre organismos que têm estruturas de carbonato de cálcio são devastadores, como é o caso dos corais. A água mais ácida provoca a solubilização do carbonato de cálcio, colocando em risco a sobrevivência destes organismos.

Alguns exemplos de interação oceano–atmosfera foram apresentados anteriormente, tais como a interferência da atmosfera na incidência de radiação solar sobre a superfície da água; os processos de troca de calor entre atmosfera e oceano e os efeitos dos GEEs sobre a temperatura superficial da água do mar.

A circulação atmosférica tem efeito direto sobre a circulação superficial oceânica, como será apresentado a seguir. Os gradientes de temperatura entre o equador e os polos, gerados pela diferença de energia radiante por unidade de área que chega nessas regiões (como já discutido), criam centros de alta pressão nos polos e trópicos, ao passo que, nas regiões equatoriais e temperadas, formam-se centros de baixa pressão. Essas diferenças induzem à formação de três sistemas principais de ventos: os ventos alísios, os ventos de oeste e os ventos do leste (Figura 4.2).

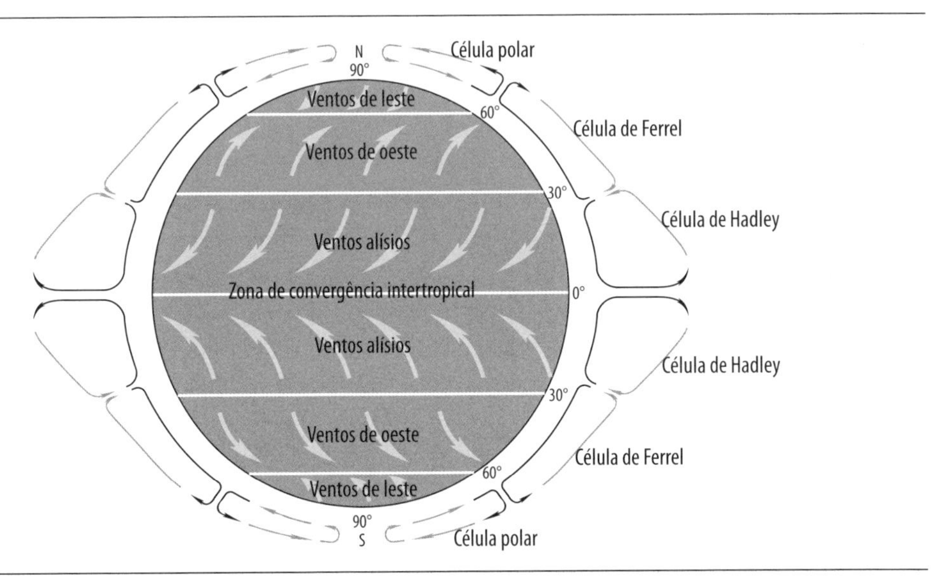

FIGURA 4.2 – Principais sistemas de ventos.

Esses sistemas de vento são gerados pela formação de três grandes células de convecção a partir da ascensão da massa de ar quente sobre o equador, criando um centro de baixa pressão. Nesse deslocamento, o ar perde calor dirigindo-se para os polos norte e sul. Entre as latitudes 20° e 35° sua densidade aumenta pelo resfriamento e o ar desce para camadas inferiores da atmosfera. Parte do ar completa o giro, retornando para o norte, no hemisfério sul, e para sul no hemisfério norte, formando a primeira célula de convecção. Esses são os ventos alísios, que sopram a partir de 30° de latitude em direção ao equador. A outra porção de ar continua seu movimento em direção aos polos, gerando os ventos de oeste (entre 30° e 60°). Por volta dos 60° de latitude, esses ventos formam uma nova célula de ar em elevação que se ramifica, parte voltando para o equador e outra seguindo em direção aos polos, formando nova célula de convecção. Na região polar o ar desce novamente e retorna em sentido ao equador gerando os ventos de leste.

Pelo fato de a Terra apresentar o movimento de rotação (de oeste para leste em torno de seu eixo) os ventos no hemisfério sul são defletidos para a esquerda em relação ao seu ponto de origem, ao passo que, no hemisfério norte, esse desvio se faz para o lado direito da origem. Esse fenômeno é conhecido como **efeito de Coriolis**, que tem importantes implicações na geração de correntes marinhas superficiais, causadas pelo atrito do vento com a superfície livre da água.

A alta quantidade de calor que atinge o equador provoca a evaporação da água do mar. Esse é um processo eficiente de remoção de energia, que, por sua vez, é conduzida pela atmosfera para latitudes maiores por meio do vapor que, à medida que avança pelo caminho, se resfria, se condensa e libera a energia em áreas mais frias, moderando o clima da Terra como um todo.

Os fenômenos El Niño e La Niña, amplamente conhecidos e de forte impacto sobre o clima do planeta, são resultantes da interação oceano–atmosfera que ocorre no Pacífico equatorial. Em períodos "normais", ou seja, sem a ocorrência de El Niño e La Niña, os ventos alísios sopram de leste para oeste, empurrando as águas superficiais para oeste, que são repostas por águas subsuperficiais mais frias. É o que origina a ressurgência do Peru. Quando os ventos alísios enfraquecem, o deslocamento de água superficial para oeste também diminui e a ressurgência não ocorre, de forma que as águas superficiais são aquecidas pelo Sol e permanecem junto à costa oeste da América do Sul. A ausência da ressurgência diminui a produção pesqueira. Esse conjunto de fatos: presença de água quente na superfície, ventos menos intensos e queda na pesca, que era verificado frequentemente próximo à época do Natal; foi batizado pelos pescadores com El Niño referência ao Niño Jesus (Menino Jesus).

Atualmente, o termo Enos (El Niño Oscilação Sul, ou Enso, do inglês: El Niño Southern Oscillation) representa de forma mais genérica o fenômeno de interação atmosfera–oceano associado a alterações dos padrões normais da temperatura da superfície do mar (TSM) e dos ventos alísios na região do Pacífico equatorial, entre a costa Peruana e no Pacífico oeste próximo à Austrália (OLIVEIRA, 2001). Por outro lado, o fenômeno La Niña, ocorre pelo aumento da intensidade dos ventos alísios, que provocam ressurgências de maiores intensidades e, portanto, a TSM fica mais fria do que a média. Em ambos os processos, o padrão de formação de nuvens e a incidência de chuvas sobre toda a região do Pacífico tropical é alterada, mas os efeitos são perceptíveis também em outras regiões do planeta. Esses fenômenos ocorrem irregularmente em intervalos de dois a sete anos, com uma média de três a quatro anos para El Niño e de três a quatro anos para La Niña. Contudo, de um evento ao seguinte o intervalo pode mudar de um a 10 anos. Ambos são fenômenos de duração da ordem de meses (de nove a 18, e raramente acima de 24).

Outras importantes interações oceano–atmosfera envolvem processos mediados por organismos e serão apresentados mais adiante. São eles a **bomba biológica** e o **sistema do sulfeto de dimetila**.

O atrito dos ventos sobre a superfície do mar transfere energia cinética para as águas. Da interação dos três grandes sistemas de ventos acima apresentados com a superfície do mar ocorre a formação das principais correntes marinhas superficiais (Figura 4.3), que contribuem, de forma importante, na distribuição de calor nos oceanos.

Os ventos alísios geram nos oceanos as correntes equatoriais, que, ao se depararem com os continentes, são desviadas para norte e sul, movendo-se paralelamente aos continentes. Além disso, os ventos alísios empilham as águas superficiais no lado oeste dos oceanos. Esse empilhamento, sob a ação da força da gravidade, gera as contracorrentes equatoriais, presentes também em todos os oceanos. Os ventos de oeste induzem a formação de correntes marinhas que retornam à região equatorial pelo lado leste dos oceanos, fechando os giros subtropicais (pois a água descreve um movimento circular nessa porção dos oceanos). De maneira análoga, ocorrem os giros subpolares na porção norte do Atlântico e do Pacífico. A exceção é a corrente Circumpolar Antártica, que por não ser interceptada por barreiras continentais, flui em torno do continente Antártico. Essas correntes constituem a circulação superficial de grande escala. Em virtude de um fenômeno conhecido como Transporte de Ekman, a ação do vento sobre a superfície da água gera um fluxo médio da porção de água deslocada perpendicular à direção do vento, para a esquerda no hemisfério sul e para a direita no hemisfério norte.

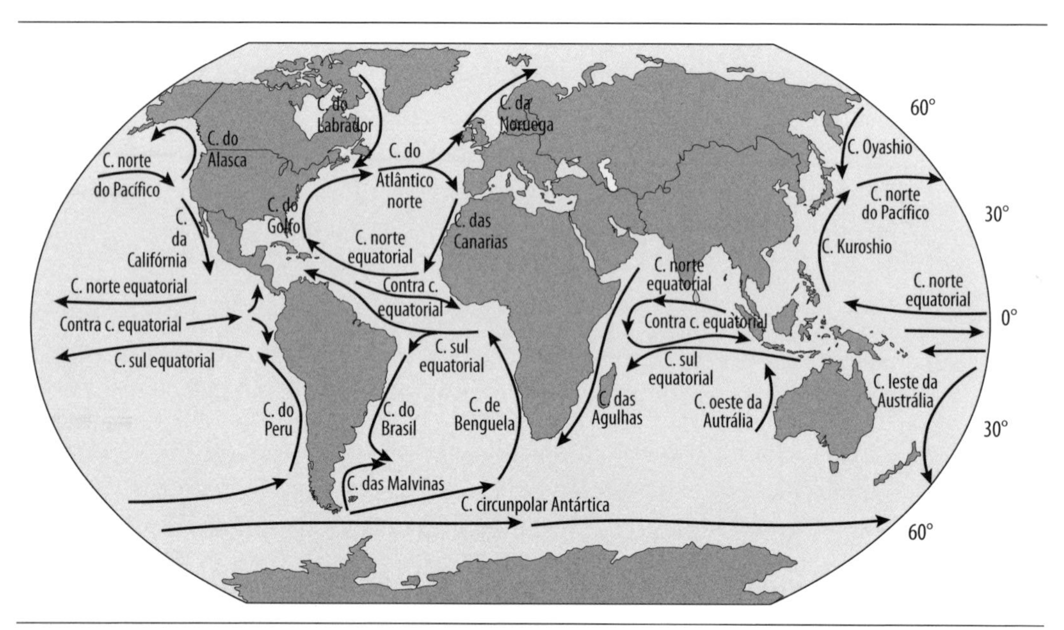

FIGURA 4.3 – Principais correntes oceânicas superficiais.

As correntes superficiais podem formar meandros, que ocasionalmente se separam da corrente principal, girando em sentido horário ou anti-horário. No hemisfério sul, essas feições correspondem, respectivamente, aos chamados vórtices ciclônicos e anticiclônicos. No núcleo dos vórtices ciclônicos ocorre subida de água subsuperficial ao passo que nos vórtices anticiclônicos ocorre subsidência (afundamento). Esses fluxos verticais têm importantes implicações biológicas, especialmente em áreas sobre a plataforma continental.

As zonas de contato entre as principais correntes podem formar convergências (quando ambas correntes fluem uma de encontro à outra) ou de divergência (quando fluem em sentidos opostos). Nas áreas de convergência, ocorre o afundamento da água, enquanto nas áreas de divergência ocorre o afloramento da água subsuperficial. Esses processos são muito importantes para as trocas de calor e também para a distribuição de sais nutrientes e organismos no ambiente pelagial. Um exemplo bem conhecido é o da Divergência Antártica, que, por trazer águas ricas em nutrientes para a superfície, apresenta um grande desenvolvimento do fitoplâncton, que sustenta grandes biomassas de *krill*, um pequeno crustáceo planctônico que serve de alimento a baleias, pinguins, focas e alguns invertebrados.

Além das correntes geradas pela ação do vento na superfície do mar, há outros padrões de circulação muito importantes no ambiente oceânico. Por causa do efeito de Coriolis e do Transporte de Ekman, ocorre empilhamento da água nas porções centrais dos giros oceânicos, criando a uma elevação do nível do mar nesses locais. Pela própria ação da força de gravidade, a água "escoa" dessas elevações, sendo também defletida para a direita ou para a esquerda (dependendo do hemisfério) pelo efeito de Coriolis. Essas correntes são chamadas **correntes geostróficas** que constituem importantes sistemas de circulação superficial de água nos oceanos.

Existem também correntes marinhas profundas, causadas pela diferença de densidade da água do mar. Como já foi dito, as águas mais frias são mais densas e, portanto, há um gradiente de densidade entre as águas quentes equatoriais e as águas frias polares. Gradientes de densidade também podem se originar da evaporação da água (que a deixa mais salina, mais densa), bem como por ação de chuvas ou aporte de águas fluviais (que diluem a água do mar diminuindo sua densidade). Essa circulação, gerada pelos gradientes de densidade, é conhecida como **circulação termohalina** e pode gerar movimentos horizontais e verticais das massas de água. Como padrão geral, as águas frias e densas de altas latitudes afundam e dirigem-se ao equador pelas áreas mais profundas do oceano. Essas correntes são lentas, com velocidades de cerca de 1 cm s^{-1}.

As ressurgências constituem outro tipo de movimentação das massas de água que acabam por trazer águas profundas e ricas em nutrientes para profundidades menores ou até para a superfície. Esse fenômeno é comum nas costas leste dos continentes, em virtude da ação de ventos e do transporte de Ekman, e é de extrema importância para a pesca, em locais como a costa do Peru.

As correntes aqui apresentadas estão associadas a processos de grande e média escala espacial. No entanto, há também outras correntes menores geradas por fenômenos de pequena escala espacial, por exemplo, as correntes de deriva litorânea e as células de Langmuir.

Para ilustrar a importância desses processos interação oceano–atmosfera e dar uma ideia da dimensão de influência da circulação das correntes marinhas no equilíbrio do planeta, o trabalho de Halpern e mais 18 pesquisadores (HALPERN et al., 2008) é bastante didático, embora não seja de leitura simples para o público leigo. Esses pesquisadores utilizaram modelos matemáticos, que sintetizaram uma série de dados sobre a distribuição e intensidade das atividades humanas capazes de provocar mudanças ecológicas (forçantes) e o desdobramento de seus impactos em 20 ecossistemas marinhos. Os resultados indicaram que não há uma área no planeta que não se encontre afetada pela influência humana e que 41% dessas áreas estão fortemente afetadas por múltiplas forçantes. Portanto, por meio da circulação atmosférica e oceânica, certos impactos locais podem acabar por atingir áreas muito distantes em escalas temporais maiores. Um fato a se ter sempre em mente quando se pensa em sustentabilidade.

As marés são um fenômeno resultante da interação das forças gravitacionais do Sol, Terra e Lua e da força centrífuga gerada pelo movimento da Terra e da Lua em torno de um centro de massa comum. Esses movimentos são evidentes, principalmente nas praias, pela elevação e o rebaixamento do nível da água (preamar e baixa-mar, respectivamente), que ocorre, em geral, duas vezes ao dia.

Existem dois padrões típicos de maré: as marés de sizígia e as de quadratura. Nas marés de sizígia, a posição do Sol está em conjunção com a da Lua (luas nova e cheia), e a força de atração conjugada desses astros gera marés de grande alcance (diferença entre o nível da água na preamar e na baixa-mar), que podem chegar a mais de 10 m de variação em algumas regiões do globo. Nas marés de quadratura, o Sol e a Lua formam um ângulo reto em relação à Terra (luas crescente e minguante), de modo que suas forças de atração se contrapõem gerando marés de pequeno alcance. De acordo com o alcance, as marés podem ser classificadas em macromarés (maiores que 4 m), mesomarés (entre 2 e 4 m) e micromarés (abaixo de 2 m).

Embora as marés sejam um fenômeno periódico, de um dia para o outro elas ocorrem com um atraso de 50 mim pelo fato de o dia lunar ser equivalente a 1/27 do dia terrestre. Com base em longas séries de registros de maré de uma localidade, é possível a identificação de seus componentes harmônicos, ou seja, os parâmetros numéricos que representam o período (relacionado aos movimentos da Terra, Sol e Lua) e a amplitude (associada à força de atração gravitacional e posição do ponto de medições na superfície da Terra) de cada componente da maré. A partir dos componentes harmônicos é possível fazer a previsão das marés para aquele ponto. Essas previsões são apresentadas nas Tábuas de Maré, que indicam a hora e a altura das preamares e baixa-mares. No Brasil elas são elaboradas e disponibilizadas pela Diretoria de Hidrografia e Navegação (DHN) do Ministério da Marinha, para os principais portos do país e outros locais estratégicos para a navegação[2].

O deslocamento horizontal das massas de água proporcionado pela ação das marés gera as **correntes de maré**, cujos efeitos são importantes nas regiões mais rasas. O momento em que o sentido das correntes de maré se inverte é chamado de estofa. Assim, a estofa de maré alta ocorre quando as correntes de enchente perdem velocidade e mudam seu sentido para correntes de vazante. Analogamente, tem-se a estofa de vazante.

O nível do mar é, portanto, afetado pela ação das marés. No entanto, outros fatores podem causar variações tais como: ação do vento (que provoca o recuo ou empilhamento de água), pressão atmosférica, ondas internas, dentre outros. Um assunto muito discutido atualmente refere-se aos impactos da elevação do nível do mar em virtude do aquecimento global. Contudo, a avaliação para constatação desse fato não é de forma alguma trivial: depende fundamentalmente de longas séries de observações sistemáticas, padronizadas e muito bem georreferenciadas. Dessas séries se extraem as tendências que são as ferramentas básicas para fazer as previsões.

Atualmente, as informações sobre o nível do mar de todo o globo são centralizadas e disponibilizadas pelo *Permanent Service for Mean Sea Level*, um banco de dados criado em 1933, na Inglaterra, para reunir informações sobre variações do nível do mar a partir de longas séries de observações com marégrafos e registradores de pressão[3]. O Programa Global Sea Level Observing System (Gloss) tem como objetivo principal o estabelecimento de um sistema estratégico permanente

[2] Fonte: Marinha do Brasil. Disponível em: <https://www.mar.mil.br/dhn/dhn/index.html>. Acesso em: 2 set. 2010.

[3] Mais informações podem ser obtidas no site do Permanent Service for Mean Sea Level. Disponível em: <http://www.psmsl.org>. Acesso em: 2 set. 2010.

para o fornecimento de informações de alta qualidade sobre o nível dos mares, para o monitoramento do clima e das mudanças globais.

A ação do vento na superfície da água, além de gerar correntes, gera as ondas. As ondas nada mais são do que mecanismos de transferência de energia através da água (não há transporte de matéria) e, portanto, também podem ser geradas por forças como as deflagradas por abalos sísmicos. As ondas são caracterizadas por sua amplitude (altura) e comprimento (distância de uma crista a outra). Ambas as características dependem da energia que transportam e da distância do seu ponto de origem. A altura das ondas pode variar desde centímetros a até vários metros (ondas de tempestades). As ondas de maiores comprimento são as mais velozes e podem percorrer longas distâncias em períodos relativamente curtos de tempo, como é o caso de tsunamis, que são gerados em um local e pouco tempo depois atingem áreas relativamente distantes.

Quando as ondas começam a entrar em contato com o fundo marinho, sofrem atrito, perdendo energia. Sua parte superior, no entanto, não é afetada. No ponto em que a profundidade é igual a 1,3 a altura da onda, a estabilidade se rompe e a onda quebra se espraiando na conhecida zona de surfe das praias. A energia liberada pelas ondas é um fator importante na distribuição e seleção de sedimentos e na definição da feição das praias.

Além das ondas de superfície existem ondas internas, ou seja, que se formam dentro da coluna de água em interfaces separadas por diferenças de densidade (no nível da picnoclina). Perturbações no equilíbrio hidrostático e marés podem gerar ondas internas.

Domínio bentônico – os fundos oceânicos

O fundo dos oceanos é recoberto por uma camada de sedimentos que pode variar desde poucos centímetros até alguns quilômetros, dependendo de a região ter uma dinâmica de erosão ou de deposição. A espessura média do "solo" marinho é de 300 m.

Os sedimentos podem apresentar-se formando agregados, por compactação ou cimentação, os chamados sedimentos **consolidados**, ou então como sedimentos **não consolidados**, quando os constituintes do sedimento apresentam-se individualizados, não agregados. Com relação à sua origem, os sedimentos podem ser classificados como **litogênicos** (de origem mineral) ou **biogênicos** (derivados de material biológico). Há também os derivados de processos químicos, os **autigênicos**, e os de origem extraterrestre, os **cosmogênicos**.

Os sedimentos litogênicos têm sua origem relacionada basicamente ao aporte continental, por meio de descargas de rios, mas também de ventos e geleiras. A maior parte desses sedimentos é composta por feldspatos e quartzos, que são abundantes nas rochas terrestres. Quanto mais distante está a fonte geradora dos sedimentos, menor é o tamanho do grão. A escala granulométrica de Wentworth (1922) classifica os sedimentos em 16 categorias de tamanho, desde o matacão (entre 256 e 64 mm) até a argila (inferior a 1/256 m). O tamanho médio das partículas sedimentares é um indicador do grau de exposição à ação de ondas e correntes. A presença de areias, por exemplo, indica um ambiente mais dinâmico, enquanto a presença de silte e argila indicam ambientes deposicionais. A maior parte dos sedimentos deposita-se nas margens continentais, especialmente nas praias e estuários, mas em alguns casos, podem atingir a bacia oceânica, como ocorre em cânions submarinos de grandes rios como o Amazonas e São Lourenço, no Canadá.

Os sedimentos biogênicos são formados por restos de organismos, tanto de origem continental (restos vegetais, corpos de aves etc.) como de origem marinha. Geralmente, os sedimentos orgânicos têm sua decomposição iniciada por atividade bacteriana enquanto ainda estão em suspensão na coluna de água. O material que efetivamente vai se depositar no fundo, geralmente, é constituído pelo material mais refratário (de difícil decomposição biológica ou química). Sendo assim, os principais depósitos de sedimentos biogênicos são de composição calcária ou de sílica. Esses depósitos são chamados de vasas, indicando material de origem pelágica com mais de 30% de material biogênico. A ocorrência das vasas é maior nas bacias oceânicas, uma vez que nas margens continentais o aporte de material litogênico é muito maior do que o biogênico. Fatores como temperatura e pressão no ambiente são determinantes no processo de formação e manutenção dessas vasas.

As vasas calcárias são formadas pela contribuição de material de conchas de moluscos e foraminíferos, exoesqueletos de equinodermos e placas de cocolitoforídeos (um grupo de microalgas planctônicas). Já as vasas silicosas são formadas principalmente por restos das carapaças de sílica de diatomáceas e esqueletos de radiolários e silicoflagelados (que são todos organismos planctônicos). As vasas de diatomáceas têm importância comercial, pois podem ser usadas como material filtrante, abrasivos e refratários.

Os sedimentos autigênicos são resultantes de precipitação de material decorrente de reações químicas ocorridas próximas ao local de deposição. São exemplos desse tipo de sedimento os nódulos de manganês e as fosforitas. Além do manganês, nesses nódulos são encontrados metais como níquel, cobre, cobalto, ferro e outros em quantidades traço. Atualmente, pelo seu valor comercial, esses nódulos têm sido bastante explorados. Podem ocorrer tanto na margem continental como nas bacias oceânicas, apresentando diâmetro médio de 6 cm, mas podendo atingir até 15 cm. As fosforitas são nódulos que ocorrem em águas até 500 m de profundidade durante processos de decomposição que liberam grande quantidade de fosfatos. São comuns em áreas de ressurgências.

Finalmente, os sedimentos cosmogênicos são aqueles oriundos de meteoritos que atingiram a superfície terrestre. São conhecidos dois tipos: os sideritos (em que predominam ferro e níquel) e os meteoritos rochosos (ricos em silicatos).

Vários processos que ocorrem no ambiente pelagial são modulados por processos que ocorrem nos sedimentos e vice-versa. Nas zonas mais rasas, esses processos são mais intensos e dinâmicos, pela maior proximidade do sedimento com a camada de mistura da coluna de água. Porém, em termos globais, as interações oceano sedimento determinam os ciclos da maioria dos elementos químicos presentes na água, controlando também sua disponibilidade na atmosfera (como é o caso do gás carbônico). Esses processos, tais como a bomba biológica, o enterramento de cálcio e sílica, serão apresentados mais adiante, quando forem apresentados os processos na rede trófica.

4.3 A vida nos oceanos

Após a caracterização do ambiente abiótico (não vivo), feita nas seções anteriores deste capítulo, trataremos dos componentes bióticos marinhos, ou seja, dos organismos, a biocenose dos oceanos.

4.3.1 A evolução da vida nos oceanos

Atualmente, existem várias hipóteses sobre o surgimento da vida na Terra. A hipótese clássica propõe que seu surgimento tenha ocorrido nos oceanos, há mais de 3,5 bilhões de anos, em virtude das características da água que possibilitam reações químicas essenciais aos processos vitais. A presença de água no estado líquido no planeta foi condição definitiva, portanto, para a origem da vida. Na realidade, pode-se supor que a vida, mesmo que ocorra em outros locais do universo, seja encontrada em faixas semelhantes às da temperatura da Terra, pois esses limites são dados por questões da termodinâmica das moléculas, as quais são criações mais "recentes" na história do universo, e dependeram do seu resfriamento para que passassem a se formar. O intervalo de variação de temperaturas inclui temperaturas suficientemente altas para a ocorrência de reações químicas numa velocidade relativamente rápida, mas não tão elevadas a ponto de produzir colisões que destruam moléculas importantes, grandes e frágeis (LINEWEAVER; SCHWARTZMAN, 2004).

Segundo Oparin (1938), a atmosfera primitiva da Terra era redutora e rica em nitrogênio, hidrogênio, metano, amônia, monóxido de carbono e vapor de água além de outros gases de origem vulcânica. Nessa atmosfera, portanto, não havia oxigênio em quantidade significativa e muito menos ozônio, produzido em presença de oxigênio. Sob a ação de raios ultravioleta do Sol (já que não havia ozônio para filtrar essa radiação), esse material originou compostos orgânicos simples que formavam uma mistura rala nos oceanos primitivos (HALDANE, 1928). Acredita-se que a ação dos raios UV criou uma evolução química levando à formação de moléculas orgânicas complexas que viriam a compor a base da construção da vida primitiva. As primeiras formas de vida teriam de surgir na água, que oferecia alguma proteção aos raios UV, que seria letal aos seres vivos naquelas condições atmosféricas (ODUM, 1988).

Há várias hipóteses sobre o modo como exatamente se deu a formação do primeiro organismo, como a da biopoese, que propõe um desenvolvimento gradativo da complexidade dos seres vivos; a hipótese de que as argilas teriam constituído o suporte e integrado o sistema genético da vida primitiva, sendo posteriormente substituídas pelos ácidos nucleicos e; em outra abordagem similar, a hipótese de que a pirita (FeS_2, abundante nos mares primitivos) teria constituído uma superfície sobre a qual processos bioquímicos primitivos ocorreriam. Shapiro

(2007) sugere ainda que o metabolismo e a reprodução teriam surgido independentemente e que os organismos atuais seriam descendentes de uma célula na qual tivesse ocorrido a simbiose dos dois processos. A hipótese mais recente e cientificamente mais fundamentada propõe que o RNA tenha sido a molécula primordial para a origem da vida (GILBERT, 1986) com base em evidências da capacidade de replicação e evolução desse material.

A descoberta de fontes termais submarinas, compondo um ecossistema abissal rico, com a síntese de matéria orgânica baseada em processos quimioautotróficos por organismos do domínio Archaea (seres bem primitivos na escala evolutiva, semelhantes a bactérias), serviu de base à hipótese de uma origem quimiossintética autotrófica da vida. Os prováveis passos seguintes na evolução foram a fotossíntese anoxigênica, realizada por bactérias fotoautotróficas anaeróbicas – uma modalidade de fotossíntese encontrada, ainda hoje, em ambientes aquáticos anóxicos – seguida da fotossíntese oxigênica, ou seja, aquela em que ocorre a quebra da molécula da água e produz oxigênio gasoso.

Organismos autótrofos, capazes de realizar a fotossíntese oxigênica, passaram a dominar as águas superficiais iluminadas – por serem muito mais eficientes em termos de rendimento energético – e geraram uma profunda modificação no ambiente terrestre, tornando a atmosfera oxidante uma vez que os teores de oxigênio livre aumentaram significativamente. Os chamados *red-beds* (sedimentos de origem marinha com depósitos de óxido de ferro) atestam essas alterações. O ferro era um elemento presente nas águas do oceano quando este ainda era um ambiente redutor e sofreu oxidação depositando-se nos sedimentos com o surgimento da fotossíntese oxigênica. Hoje, o ferro dissolvido é encontrado apenas como elemento traço no oceano, como já apresentado.

Acredita-se que o surgimento da fotossíntese oxigênica (há cerca de dois bilhões de anos) ocorreu de modo simultâneo ao surgimento da respiração, processo que também é muito mais eficiente do que a fermentação para produção de energia para o metabolismo celular. O desenvolvimento de vias metabólicas simultâneas de respiração e fotossíntese seria até mesmo uma condição necessária, uma vez que a liberação de oxigênio pela fotossíntese poderia levar à oxidação de muitas vias metabólicas e à morte celular se não houvesse um encaminhamento do oxigênio para vias de oxidação controlada. Essa maior eficiência energética metabólica permitiu o desenvolvimento da célula eucariota (célula com núcleo organizado e sistema de membranas internas) e posteriormente de organismos mais complexos. A transformação da atmosfera de redutora para oxidante permitiu a produção de ozônio em quantidade suficiente para proteger os organismos da radiação ultravioleta, o que mais tarde, favoreceu a colonização dos continentes. Os primeiros organismos multicelulares apareceram quando o teor de oxigênio chegou a 8%, há 700 milhões de anos (ODUM, 1988). Há cerca de 400 milhões de anos as concentrações de oxigênio atmosférico atingiram os 20% atuais, graças ao equilíbrio entre a produção pelos autótrofos e o consumo pelos autótrofos e heterótrofos.

A Panspermia e a Ecopoese são outras hipóteses sobre a origem da vida na Terra. A panspermia propõe que a vida não se originou em nosso planeta, mas em outro ponto do universo (não cogitado na hipótese). As moléculas precursoras dos seres vivos, ou mesmo seres vivos na forma de esporos, chegaram à Terra por meio de cometas ou meteoros. A ecopoese pressupõe que a atmosfera primordial era rica em oxigênio e isso determinou os ciclos geoquímicos dos elementos biogênicos criando a base de um metabolismo planetário que precedeu e condicionou a evolução gradual da vida. A favor dessa hipótese estão as crescentes evidências de uma atmosfera oxidante desde o pré-cambriano (YAMAGUSHI, 2005) e com a antiguidade do metabolismo aeróbico, comparado à fotossíntese oxigênica (CASTRESANA; SARASTE, 1995).

Entretanto, em todas as hipóteses mencionadas, sejam quais forem os inícios fundamentais, é aceito que o subsequente desenvolvimento da vida, como é hoje na Terra, ocorreu nos oceanos.

4.3.2 Os habitantes dos oceanos

Dadas as múltiplas feições e características do ambiente oceânico é natural que os organismos apresentem uma ampla diversidade de características morfológicas e fisiológicas, de acordo com o ambiente físico que habitam. As classificações mais abrangentes referem-se justamente ao local em que habitam os organismos. Assim, a divisão em domínios pelágico e bentônico, utilizada para o ambiente físico, também é válida para a biocenose marinha. No **domínio pelágico** temos os organismos que vivem exclusivamente ou principalmente na coluna de água, enquanto no **domínio bentônico** temos aqueles que vivem associados (exclusivamente ou principalmente) ao sedimento ou substratos (rochas, corais, objetos submersos), podendo viver sobre o sedimento ou enterrado nele. Em ambos os domínios temos as subdivisões **neríticas** (até o limite da plataforma continental) e **oceânicas** (para além desse limite). De acordo com a profundidade que habitam, os organismos acompanham a mesma classificação adotada para o ambiente físico abrangendo mais duas categorias: o **plêuston** e o **nêuston**.

No **plêuston** parte do corpo dos organismos fica fora da água e os ventos auxiliam no seu deslocamento, como as colônias de medusas *Physalia e Vellela.* O **nêuston** é representado pela comunidade que ocupa a microcamada superficial até 10 mm de profundidade, composta por ovos e larvas de peixes. Os **epipelágicos** são os organismos que vivem até os 200 m de profundidade. A grande maioria dos seres marinhos habita essa porção da coluna de água. Os **mesopelágicos** são os organismos que vivem entre 200 e 1.000 m de profundidade, representados por bactérias, organismos do zooplâncton e peixes. Os **batipelágicos** vivem entre os 1.000 e 4.000 m de profundidade, representados principalmente por bactérias e peixes, e, finalmente, os **abissopelágicos**, que vivem em estreita relação com o fundo, como nas fontes hidrotermais ("chaminés submarinas") onde são encontradas bactérias quimiossintetizantes e uma comunidade bentônica associada. Os habitantes de regiões profundas apresentam uma série de adaptações morfológicas e fisiológicas para suportar as grandes pressões hidrostáticas.

Sob um enfoque funcional, a classificação baseada no padrão de nutrição divide os organismos em: **autotróficos**, **heterotróficos** e **mixotróficos**.

Os organismos autotróficos (ou autótrofos) são os que sintetizam matéria orgânica a partir de substratos inorgânicos (nutrientes). Dentre os autotróficos, temos duas categorias de organismos: os **fotossintetizantes** e os **quimiossintetizantes**.

Fotossintetizantes são aqueles que sintetizam matéria orgânica por meio da fotossíntese oxigênica ou anoxigênica (bactérias púrpura). Para isso, possuem clorofila-a ou bacterioclorofila-a, respectivamente, e outros pigmentos fotossintéticos e são dependentes da luz. São representados pelo fitoplâncton, bacterioplâncton autótrofo, macroalgas e vegetais marinhos.

Os quimiossintetizantes são os organismos capazes de sintetizar biomassa utilizando a energia química de algumas substâncias simples, como compostos de ferro, enxofre e nitrogênio, em vez da energia da luz. Por exemplo, algumas bactérias.

O processo de fixação biológica de carbono a partir de substratos inorgânicos em moléculas orgânicas por meio da foto ou quimiossíntese é chamado **produção primária** (RILEY, 1940). A **produtividade primária** refere-se à taxa de produção primária por unidade de tempo em um dado volume ou área, por exemplo: mg C m^{-3} h^{-1} (PARSONS; TAKAHASHI, 1973).

Os organismos heterotróficos (ou heterótrofos) são os que utilizam matéria orgânica pronta disponível no meio, representados pelo bacterioplâncton heterótrofo, zooplâncton, ictioplâncton e animais marinhos. São os consumidores da cadeia trófica. Eles podem ser herbívoros (alimentam-se dos produtores primários), carnívoros (alimentam-se de outros heterótrofos) ou onívoros (se alimentam de autótrofos e heterótrofos). Há também os detritívoros, que se alimentam de matéria orgânica morta.

Finalmente, os organismos mixotróficos são os que podem fazer fotossíntese quando se encontram em regiões iluminadas do oceano (zona eufótica), mas que são capazes de sobreviver alimentando-se de substratos complexos, como matéria orgânica dissolvida na água, quando permanecem na região escura do oceano (zona afótica). Portanto, apresentam hábitos autotróficos ou heterotróficos, de acordo com as condições do meio (por exemplo, alguns representantes do fitoplâncton).

As mesmas unidades funcionais são observadas nas cadeias alimentares terrestres e aquáticas, sendo a energia luminosa e disponibilidade nutricional os requisitos básicos para a produção de matéria orgânica. A partir dos autótrofos (produtores primários) a energia é transferida aos demais níveis da cadeia: herbívoros (consumidores primários), os carnívoros primários, secundários etc. (consumidores secundários e terciários, respectivamente) até que toda a matéria orgânica morta é decomposta pelos decompositores (saprófitos) e os nutrientes são disponibilizados de volta ao ambiente.

Em comparação com a biomassa vegetal terrestre, a biomassa autótrofa aquática é muito menor. Isso porque, no ambiente terrestre, muitas partes dos vegetais são destinadas à sustentação, sem função fotossintética. Como, no mar, os organismos têm a sustentação dada pela própria água, praticamente toda a biomassa é fotossintetizante.

Apesar de a biomassa autotrófica aquática ser menor, sua produção é equivalente à terrestre (como será apresentado mais adiante).

Nas passagens de um nível trófico para outro, sempre há perda de energia. Dessa forma, em cadeias tróficas pequenas o consumidor final recebe mais energia do em nas cadeias com mais níveis intermediários (cadeias longas). Este fato tem implicações importantes na produção pesqueira de um ecossistema.

Como já citado anteriormente, a produção primária, restrita à zona eufótica, retira nutrientes das camadas superficiais da coluna de água. A taxa de reposição desses nutrientes para a camada de mistura vai refletir diretamente na produtividade da região. Por esse motivo, as regiões de ressurgência são as mais produtivas dos oceanos, pois permitem a manutenção de altas biomassas de fitoplâncton, em virtude de o nível de suprimento nutricional ser elevado. As cadeias tróficas que se estabelecem nessas áreas são geralmente curtas, maximizando a transferência de energia aos consumidores finais. Por isso, a produtividade pesqueira dessas áreas é significativamente mais alta do que em outras regiões costeiras e nas oceânicas (RYTHER, 1969).

O controle da biomassa das populações que compõem a cadeia trófica pode ser exercido a partir dos níveis tróficos inferiores para os superiores, o que se conhece como controle *bottom-up*, ou dos níveis superiores da cadeia para baixo, o chamado controle *top-down*. Um exemplo de controle *bottom-up* é o exercido pela disponibilidade de nutrientes, que controla a população dos produtores primários. Assim, a entrada de nutrientes na coluna de água por meio da ressuspensão de sedimentos por ação das correntes junto ao fundo, é um exemplo desse controle baseado na interação oceano-sedimento. Por outro lado, um controle tipo *top-down* é a pressão de predação que os organismos de um nível trófico superior exercem sobre suas presas.

Um critério importante de classificação, muito utilizado em oceanografia, está relacionado à motilidade dos organismos no ambiente aquático, a saber: o **plâncton**, o **nécton** e o **bentos**. Essas divisões, apresentadas a seguir, constituem comunidades complexas formadas por uma ampla variedade de organismos.

O plâncton constitui uma comunidade de organismos que vivem em suspensão na coluna de água e que apresentam limitado poder de locomoção e, portanto, são incapazes de vencer as correntes marinhas, sendo levados pelas massas de água nas quais se encontram. O termo plâncton é originário do grego (*planktos*) que significa "errante", justamente por esta ser a característica principal da comunidade.

A maioria dos organismos que compõem o plâncton têm tamanhos da ordem de micrômetros (1 μm = 0,001 mm), embora existam algumas formas visíveis a olho nu. De acordo com as classes de tamanho são divididos em: **fentoplâncton** – inferior a 0,2 μm; **picoplâncton** – entre 0,2 e 2,0 μm; **nanoplâncton** – entre 2,0 e 20 μm; **microplâncton** – entre 20 e 200 μm; **macroplâncton** ou **mesoplâncton** – entre 200 μm e 2 mm e o **megaloplâncton** – acima de 2 mm, representado por organismos como medusas e caravelas.

Com relação ao tempo de permanência no hábitat planctônico, os organismos são divididos entre: **holoplâncton**, cujo ciclo de vida ocorre todo no plâncton; **meroplâncton** aqueles nos quais apenas uma parte do ciclo de vida é planctônico, como os ovos e as fases larvais de alguns organismos e **ticoplâncton** ou **pseudoplâncton** que são organismos de hábito bentônico ou perifítico (que vivem aderidos a substratos submersos, formando um biofilme) que vão para ocasionalmente para o plâncton.

Os organismos planctônicos apresentam uma grande diversidade de formas e possuem estruturas delicadas, sendo muitos deles transparentes. Como são mais densos que a água do mar, eles apresentam tendência ao afundamento e, para lidar com isso, possuem uma série de adaptações fisiológicas e estruturas que aumentam sua flutuabilidade tais como: setas, vacúolos e gotículas de lipídios no citoplasma e pequenos tamanhos (que aumentam a razão superfície/volume). Por ser uma comunidade muito diversificada e heterogênea, além das classificações já apresentadas, os organismos também recebem outra classificação referente ao nível de organização celular, que, por sua vez, tem um forte caráter ecológico, como veremos a seguir. Assim, os organismos são classificados em: virioplâncton, bacterioplâncton, fitoplâncton, zooplâncton e ictioplâncton.

O **virioplâncton** é composto pelos vírus que habitam o ambiente marinho compondo o fentoplâncton (menores que 0,2 μm). Eles são encontrados livres na coluna de água ou associados a outros organismos. É um grupo ainda pouco estudado, tendo em vista que foram descobertos na década de 1980, graças à aplicação de técnicas de biologia molecular aos estudos em oceanografia.

O **bacterioplâncton** é composto por organismos procariotos como as cianobactérias (antigas algas azuis), bactérias e arquéas. São organismos picoplanctônicos, abundantes nos oceanos (com densidades da ordem de 10^6 células/mL), especialmente em águas oligotróficas (pobres em nutrientes) como as regiões oceânicas. Podem ser autótrofos ou heterótrofos. Estes últimos desempenham um importante papel na ciclagem de nutrientes nos oceanos por atuarem na decomposição de matéria orgânica dissolvida e particulada, disponibilizando os elementos que a compõem de volta para a coluna de água (ou no sedimento, no caso das bentônicas).

As cianobactérias são importantes por serem capazes de fixar o nitrogênio atmosférico, disponibilizando-o para a rede trófica marinha. Além disso, muitas cianobactérias podem provocar florações (crescimento rápido e demasiado da biomassa) nocivas à biota marinha pela produção de toxinas ou por causarem entupimento de brânquias de peixes e outros organismos marinhos.

O **fitoplâncton** é uma comunidade constituída por uma grande variedade de protistas (organismos unicelulares e eucariontes), livres ou coloniais, autótrofos e alguns mixotróficos. Dentre eles podemos destacar as diatomáceas, dinoflagelados, fitoflagelados, cocolitoforídeos e silicoflagelados. O fitoplâncton é popularmente conhecido pelo termo microalgas, que não tem valor taxonômico.

A importância do fitoplâncton nos oceanos é primordial porque ele representa a principal base da rede trófica marinha. A produção primária fitoplanctônica representa 98% da produção nos ambientes aquáticos e cerca de 48% da produção global (FIELD et al., 1998) apesar de o fitoplâncton representar 1% da biomassa fotossintética do planeta. Os limites superiores para a captura pesqueira sustentável são estabelecidos pela produção primária fitoplanctônica, considerando que as áreas mais ricas em fitoplâncton, como as áreas de ressurgência, são as que sustentam os maiores estoques pesqueiros.

A adaptação desses organismos às baixas concentrações de nutrientes é tal, que cunhou-se a expressão "paradoxo do plâncton". Ou seja, os organismos em águas pobres em nutrientes, em geral, apresentam baixa biomassa (como nas áreas oceânicas), mas seu conteúdo nutricional interno não é abaixo da média, significando que não se encontram em más condições fisiológicas, ou em "jejum" (HUTCHINSON, 1961).

Um estudo publicado recentemente concluiu que a abundância do fitoplâncton nos oceanos vem caindo a uma taxa de 1% ao ano nos últimos 100 anos (BOYCE et al., 2010) acompanhando uma tendência de aumento da temperatura da supefiície do mar, que pode estar relacionada ao aumento de gás carbônico atmosférico. Os autores da pesquisa apontam que esse declínio tem de ser considerado nos futuros estudos dos ecossistemas marinhos, ciclos geoquímicos, circulação e pesca oceânicas. Esse é um dado preocupante e fornece uma dimensão da interrelação entre os processos bióticos e abióticos nos oceanos e da importância do fitoplâncton nesse ambiente.

Estima-se que 45 Gt de carbono orgânico particulado sejam produzidas anualmente pelo fitoplâncton nos oceanos. Desse total, cerca de 16 Gt são exportadas para as camadas mais profundas do oceano (abaixo da camada de mistura) servindo de alimento para organismos que habitam essas regiões. Esse processo conhecido como **bomba biológica** (BERGER et al., 1989) atua diretamente sobre a concentração de CO_2 atmosférico que é retirado da atmosfera por um período prolongado (considerando que o tempo de residência das águas dos oceanos é de cerca de 500 anos) e, consequentemente, tem efeitos sobre o clima em escalas temporais geológicas (CODISPOTI, 1989; LONGHURST; HARRISON, 1989). A bomba biológica representa outra importante interação oceano atmosfera, citada na seção que tratou desse assunto.

Muitos organismos fitoplanctônicos são capazes de produzir o dimetil sulfonil propionato (DMSP) que origina o sulfeto de dimetila (DMS), gás volátil que passa para a atmosfera e que atua como núcleo de condensação de nuvens. O **sistema sulfeto de dimetila**, em linhas bem gerais, funciona da seguinte forma: com o aumento da biomassa fitoplanctônica, ocorre um aumento na produção de DMS e, consequentemente, da cobertura de nuvens no céu. Isso aumenta o albedo terrestre, que acaba por provocar a diminuição da temperatura da água. As taxas de crescimento do fitoplâncton diminuem e a biomassa decresce. Assim, lentamente, o albedo diminui e o sistema se retroalimenta (ANDREAE, 1990; LISS et al. 1993). Desta maneira, o fitoplâncton pode afetar o clima da terra, por meio da variação no albedo terrestre em decorrência da indução à formação de nuvens, outro mecanismo de interação oceano atmosfera, anteriormente citado.

O **zooplâncton** (ou plâncton animal) é um grupo extremamente variado que compreende representantes de quase todos os filos de animais invertebrados marinhos, além dos protistas heterótorofos, como as amebas, radiolários e os ciliados. Contudo, o grupo mais abundante no zooplâncton é composto pelos Crustáceos, particularmente pelos copépodos (que correspondem, em média, a 70% da biomassa total). O zooplâncton compreende organismos do nano, micro, meso e macroplâncton, podendo apresentar hábitos herbívoros, que consomem os produtores primários (o fitoplâncton e bacterioplâncton autótrofo), carnívoros, onívoros e detritívoros. Assim, o zooplâncton compõe vários níveis da cadeia alimentar aquática, o que lhes confere uma grande importância ecológica, uma vez que têm papel fundamental na transferência de energia química para animais de níveis tróficos superiores. Por exemplo, o *krill* é um pequeno crustáceo (cerca de 2 cm) muito abundante nas águas Antárticas, cujos cardumes chegam a ter 60 mil indivíduos/m^3, tendo um papel importante nas redes pelágicas desta região (PAES, 2002).

A maioria dos organismos zooplanctônicos apresenta apêndices natatórios que lhes permite deslocamentos na coluna de água, porém não fortes o suficiente para vencer correntes. Muitos deles também apresentam um movimento de deslocamento vertical diário na coluna de água, conhecido como **migração vertical**. Basicamente, durante o dia, eles vão para camadas profundas para evitar a predação e, à noite, migram para as águas superficiais onde se alimentam do fitoplâncton. Esse processo também é importante no transporte de material orgânico para as camadas profundas, por meio das pelotas fecais excretadas pelo zooplâncton.

O **ictioplâncton** é a comunidade constituída por ovos e larvas de peixes. Seu estudo é de suma importância para avaliação dos estoques pesqueiros, ciclos reprodutivos e variações espaciais e temporais nas comunidades de peixes, bem como para os estudos de impactos ambientais sobre a biota marinha. Por viverem na película superficial da água (são neustônicos), são submetidos à forte ação da radiação UV e, portanto, apresentam adaptações específicas para sobreviver nessas condições, como produção de gotas de óleo e colorações iridescentes. O tamanho dos ovos varia de 0,5 a 5,5 mm (BONECKER et al., 2002) e o período de eclosão varia entre dias a poucas semanas, de acordo com a espécie. Após a eclosão dos ovos e total absorção do vitelo, surgem as larvas propriamente ditas, que também são planctônicas, mas, nesse caso, não se restringem mais à região da película superficial. Os estádios larvais duram de alguns dias até meses, também de acordo com a espécie. A identificação baseia-se em características morfológicas, morfométricas e merísticas, como por exemplo: forma do corpo, relação largura/comprimento, forma dos olhos, número de raios das nadadeiras, dentre outros.

Além dos aspectos citados anteriormente, o plâncton tem outros papéis na estrutura e dinâmica do ambiente marinho que os torna muito importantes para o equilíbrio dos ecossistemas e da Terra com um todo. Muitas espécies planctônicas que apresentam esqueletos ou carapaças de carbonato de cálcio são sensíveis aos processos de acidificação das águas marinhas, que têm sido verificados como reflexo do aumento de CO_2 atmosférico. Nesse processo, as carapaças sofrem dissolução e os organismos morrem, causando queda na biodiversidade e desocupação de nichos, que podem ser ocupados por organismos oportunistas, causando ainda maiores desequilíbrios. Outro reflexo é que a acidificação dos oceanos também afeta o sequestro de CO_2 que ocorre por meio da deposição dos esqueletos de calcários desses organismos no sedimento oceânico, podendo, portanto, ser considerado um efeito de retroalimentação negativo sobre o processo de regulação de gases atmosféricos exercido pelo fitoplâncton.

O despejo de esgotos, e de outros dejetos, nas águas costeiras causa o aumento da concentração de nutrientes orgânicos e inorgânicos no ambiente. Isso pode favorecer a ocorrência de florações de algumas microalgas e cianobactérias que acarretam a perda de qualidade de água (por meio da alteração da cor ou do cheiro). Em alguns casos, as microalgas produzem toxinas que podem causar a morte da biota marinha natural ou cultivada, atingindo inclusive o homem. Essas florações de algas nocivas têm causado problemas econômicos e de saúde pública no mundo inteiro. Pela importância do assunto, a IOC da Unesco criou em 1993 o *Geohab Harmful Algal Bloom Programme* (Programa de Floração de Algas Nocivas), visando promover o manejo eficaz e a pesquisa científica, relacionados às florações de algas nocivas a fim de entender suas causas, prever suas ocorrências e mitigar os seus efeitos[4].

Outro problema de âmbito mundial relacionado ao plâncton é a introdução de **espécies exóticas** em ambientes costeiros por meio de larvas, ovos ou até mesmo do próprio organismo adulto, trazidos nas águas dos

[4] Fonte: IOC-Unesco. Disponível em: <http://www.ioc-unesco.org/hab>. Acesso em: 3 set. 2010.

lastros de navios transatlânticos. Muitos desses organismos invasores podem ter efeitos nocivos aos ecossistemas em que se estabelecem por não encontrarem predadores naturais, destruindo ou comprometendo a biota nativa. No Brasil, o caso mais popular é o do mexilhão dourado, originário da Ásia, que se disseminou a partir do estuário do rio da Prata e, por não ter encontrado predadores naturais, subiu pelo rio Paraná e hoje faz parar as turbinas da hidrelétrica de Itaipu para raspagem e retirada das conchas dos organismos que ali se fixam.

Por ocasião da Unced, em 1992, a Organização Marítima Internacional (IMO) e outros órgãos internacionais foram convocados a tomar ações sobre a transferência de organismos nocivos por navios. Em 2004, a *Convenção Internacional para Controle e Gerenciamento da Água e Sedimentos de Lastro dos Navios* foi adotada por consenso em uma conferência diplomática realizada na IMO, em Londres. O documento final incluiu padrões técnicos e requisitos nas regras para o controle e gerenciamento da água e do sedimento dos lastros dos navios. O Brasil é um dos seis países em desenvolvimento que participam do Programa GloBallast[5] (Global Ballast Water Management Programme), cujo objetivo é apoiar países em desenvolvimento a implementar medidas efetivas para controle da introdução de espécies marinhas exóticas. Os resultados obtidos no Brasil por esse programa estão sumarizados em Lopes (2010). A Organização Mundial de Saúde também reconheceu a possibilidade de a água de lastro descarregada pelos navios causar males por meio da propagação de bactérias causadoras de doenças epidêmicas, como a cólera, por exemplo.

A comunidade planctônica constitui os "berçários" de grande parte da fauna oceânica e é fácil entender que os processos deletérios sobre essas comunidades estarão comprometendo imediata e diretamente os estoques de peixes e outros animais marinhos. Sendo assim, apesar de constituir uma comunidade microscópica, invisível diretamente, o plâncton é absolutamente fundamental para o equilíbrio da vida nos oceanos e na Terra.

Os organismos nectônicos são os habitantes livre-natantes do ambiente pelágico, capazes de vencer as correntes de água. O formato hidrodinâmico do corpo e a força propulsora produzida pelas nadadeiras ou pelas ondulações do corpo são as bases da natação.

---

[5] Disponível em <http://globallast.imo.org/index.asp>. Acesso em: 4 set. 2010.

O ambiente nectônico é caracterizado pela ausência de substrato sólido. Os animais ficam suspensos na água que, por sua densidade, oferece algum suporte. A locomoção é uma habilidade fundamental para esses organismos, seja para buscar alimento, fugir de predadores, e até mesmo para respiração, por meio da circulação de água pelas brânquias. Os organismos nectônicos apresentam ampla variação de tamanho: desde pequenos peixes habitantes de recifes de corais que têm cerca de 2 cm até os tubarões-baleia que alcançam 20 m de comprimento e as baleias azuis que podem chegar a 33 m.

Os peixes são os seres mais abundantes do nécton. Os peixes cartilaginosos (como os tubarões e raias) apresentam mais de 1.100 espécies marinhas. No entanto, os peixes ósseos constituem a maior parte do nécton, com aproximadamente 28.000 espécies. Os peixes são encontrados em todos os ambientes pelágicos, desde os recifes de corais até cânions e profundezas abissais. Apresentam uma grande diversidade morfológica e nos tipos de ciclos de vida, de acordo com seu hábitat. Os peixes que habitam a coluna de água são ditos pelágicos e os que vivem em relação com o fundo, como o linguado, por exemplo, são os demersais.

Os hábitos alimentares dos peixes também são muito variados. Alguns têm hábitos parasitas ou sapróvoros (alimentam-se de organismos mortos), como as lampreias e feiticeiras. Os tubarões são predadores de topo (consumidores do final da rede trófica) muito vorazes. No entanto, espécies maiores como o tubarão-baleia e o tubarão-peregrino se alimentam de plâncton, por meio da filtração da água por brânquias modificadas. Peixes como as sardinhas, anchovetas e arenques se alimentam de plâncton, enquanto outros se alimentam de peixes, moluscos etc. Portanto, os peixes são capazes de explorar todos os recursos alimentares dos oceanos e participar de cadeias alimentares de quaisquer ecossistemas marinhos.

Alguns peixes apresentam adaptações especiais que lhes confere capacidade de explorar melhor os recursos do ambiente que habitam ou a suportar condições extremas desses ambientes. Por exemplo: os peixes-lanterna, que habitam a zona mesopelágica, apresentam bioluminescência utilizada para localização de presas e reconhecimento sexual na escuridão do ambiente; alguns peixes antárticos de sangue frio apresentam substâncias anticongelantes para garantir a circulação sob as baixas temperaturas em que vivem.

As lulas e polvos são considerados seres nectônicos pelo seu poder de locomoção, obtido graças ao formato hidrodinâmico do corpo aliado ao nado tipo jato-propulsão. As lulas vivem em cardumes e são predadoras vorazes de zooplâncton, pequenos peixes e até de outras lulas e, em decorrência de seu hábito predador, apresentam a visão muito desenvolvida. Sua exploração comercial é representada por uma captura potencial global estimada em 10 milhões de toneladas anuais (PAES, 2002).

Dentre os répteis marinhos nectônicos, as tartarugas são as mais abundantes, porém, com apenas oito espécies descritas. São animais ameaçados de extinção, por serem muito predados por outros organismos e também pelo homem em todas as fases de seus ciclos de vida. Além disso, muitas tartarugas ainda morrem presas a redes de pesca por acidente. As serpentes marinhas geralmente habitam estuários e mares interiores que apresentam fundo lodoso, principalmente em áreas rasas e mangues. Outros reptilianos marinhos são: as iguanas das ilhas Galápagos e crocodilos de regiões costeiras do Índico.

São consideradas aves nectônicas aquelas que se alimentam e passam boa parte do tempo na água do mar, como é o caso dos pinguins. Embora a maioria das aves marinhas não seja realmente nectônica, por descansar em terra, exercem uma grande pressão de predação sobre os organismos nectônicos e estão bastante adaptadas a esse meio. Por exemplo, apresentam bicos modificados e glândulas de sal que excretam o excesso de sal ingerido durante os mergulhos. Estima-se que haja 270 espécies de aves marinhas, como petréis, fragatas, albatrozes, trinta-réis, skuas, gaivotas e pelicanos. As aves nectônicas são consideradas competidoras de recursos pela indústria de pesca por consumirem grande parte dos estoques pesqueiros, principalmente nas regiões de ressurgência. As aves dessas regiões costumam depositar seus excrementos em rochas isoladas no meio do oceano, formando o guano, material muito rico em fosfato e que pode ser explorado comercialmente ou servir para enriquecer as águas, por ocasião da lavagem pelas chuvas.

Os mamíferos marinhos diferem bastante dos terrestres pelas adaptações morfológicas e fisiológicas que os habilitam a viver nesse ambiente. As baleias constituem o grupo de maior diversidade, com 90 espécies. Muitas realizam longos movimentos migratórios pelo planeta, associados a padrões sazonais. Estima-se que as baleias consumam uma quantidade maior de presas do que a que é capturada por toda a frota pesqueira mundial (PAES, 2002). Por esse motivo, também são consideradas competidoras de recursos (principalmente de peixes e lulas) pela indústria da pesca. Contudo, grande parte delas se alimenta de peixes de grande profundidade, que são recursos inacessíveis para a pesca. Os cetáceos utilizam ondas sonoras para percepção do ambiente e comunicação entre os indivíduos. Várias espécies de baleias estão ameaçadas de extinção, em decorrência da sobrepesca para extração, principalmente, do óleo e, secundariamente, da carne. Em virtude disso, em 1986 foi decretada uma moratória à caça às baleias, que, infelizmente, não é acatada por todos os países como Noruega, Japão (que alega fazer "caça científica") e Islândia.

Os golfinhos além de serem vítimas de captura por muitos povos, principalmente os japoneses, para alimentação, são animais que sofrem também com a captura acidental por redes de pesca.

O grupo dos leões-marinhos, focas e morsas também apresenta hábitos terrestres, mas a alimentação ocorre no ambiente pelagial. Os peixes-boi se alimentam de macroalgas encontradas nos estuários e nas baías que habitam.

A pesca é uma atividade humana realizada desde os primórdios e, quando se pensa em recursos oceânicos, a pesca é o primeiro item lembrado. A captura de pescado marinho produz por volta de 85 milhões de toneladas por ano, atendendo cerca de 16% da proteína animal diretamente consumida pela humanidade (PAES, 2002). Assim, a importância do nécton como fonte de recursos alimentares para o homem é evidente, especialmente em países insulares ou naqueles onde a fonte de alimento é principalmente proveniente do mar. No entanto, no âmbito do sistema oceano, os organismos nectônicos desempenham um papel importantíssimo no fluxo de energia entre os organismos, uma vez que ocupam vários níveis das cadeias alimentares marinhas, mas também no fluxo de energia e materiais entre os diferentes ambientes oceânicos, graças aos deslocamentos verticais e horizontais que são capazes de realizar. Quando um peixe ou uma lula se alimenta nas camadas superficiais do oceano e elimina seus excretas em camadas mais profundas, eles estão contribuindo para entrada de energia nesses ambientes, que será aproveitada por bactérias, microheterótrofos e outros organismos que compõem outras cadeias alimentares. Essa mobilidade os torna elos entre partes muitas vezes distantes no ambiente oceânico.

A comunidade nectônica constitui também um grupo muito diversificado em termos filogenéticos, representando assim uma riqueza intrínseca em termos de biodiversidade.

Os organismos bentônicos são os que habitam ou estão associados a algum substrato (natural ou artificial) ou ao próprio fundo marinho. A maioria apresenta locomoção (vágeis), como as estrelas-do-mar, as raias bentônicas e os ermitões, e outros ficam fixos (sésseis), como as cracas e os corais.

O bentos é composto por uma ampla gama de organismos invertebrados, alguns vertebrados, bactérias, fungos, protistas (inclusive microalgas), macroalgas e vegetais superiores (como a *Spartina* e plantas de mangue). Tendo essa composição, fica óbvio que a faixa de variação de tamanho entre esses organismos é imensa (de uma bactéria a uma árvore de mangue) e que é um hábitat riquíssimo em termos de biodiversidade. Os organismos bentônicos que vivem sobre o substrato constituem a **epifauna**, podendo ser sésseis ou vágeis. Aqueles que se enterram no sedimento ou constroem tubos ou galerias, compõem a **infauna**. Quanto às classes de tamanho dividem-se em **nanobentos** (menor que 0,062 mm), **meiobentos** (entre 0,062 e 0,5 mm), **macrobentos** (maior que 5 mm) e **megabentos** (maior que 3 cm). Dentre os heterótrofos bentônicos são encontradas cinco estratégias de alimentação: os **filtradores** da água do mar que se alimentam de plâncton e partículas em suspensão (por exemplo as cracas e mexilhões); os **herbívoros**, que se alimentam dos vegetais, microalgas e algas (como alguns moluscos e crustáceos); os **depositívoros**, que se alimentam de partículas depositadas no sedimento (como por exemplo os poliquetos) e os **predadores** e/ou **necrófagos** que geralmente apresentam os dois hábitos (como camarões e estrelas-do-mar).

O tipo de substrato é um fator determinante para a fixação da comunidade bentônica a um local. De acordo com a composição do fundo (rocha, cascalho, areia grossa, areia fina, lama etc.) ocorre uma seleção de organismos capazes de habitá-lo. Há uma grande variedade de microalgas que vivem sobre e entre as partículas do sedimento, o **microfitobentos**. Assim, para que realizem fotossíntese é necessário que a luz atinja o sedimento. O microfitobentos retira os nutrientes a partir da água que recobre ou percola o sedimento (água intersticial), enquanto os vegetais superiores aquáticos utilizam suas raízes para absorver os nutrientes da água intersticial. No caso das macroalgas sésseis, o movimento da água na camada de água de contato é fundamental para a reposição de nutrientes e oxigênio. Isso porque retiram esses elementos da água próxima à superfície do corpo. Se essa água permanece sempre a mesma, as reservas se esgotam e o organismo fica privado delas. Esse é um problema também para os animais que vivem fixos ao substrato, uma vez que os vágeis se locomovem para outras posições, renovando a água próxima ao corpo (bem como os planctônicos e nectônicos). O movimento da água também é fundamental para a dispersão e transporte das larvas e propágulos dos vegetais que, assim, podem colonizar outras áreas.

No ambiente oceânico, encontram-se três grandes divisões do sistema bentônico de acordo com as características abióticas do meio. Assim, são individualizadas: a **zona intermarés**, a **plataforma continental** e o **mar profundo** (abaixo do limite da plataforma continental).

A zona intermarés é caracterizada pela variação das condições ambientais de acordo com a amplitude e fase da maré. Os habitantes dessas zonas das praias, costões rochosos e nos mangues são, portanto, submetidos a períodos de exposição ao ar. Sendo assim, esses organismos apresentam várias adaptações para evitar o dessecamento nesses períodos de exposição. A força das ondas que atingem as praias e os costões rochosos também constitui um fator de seleção adaptativa da comunidade. Normalmente, áreas mais protegidas apresentam uma comunidade mais abundante e diversificada do que as mais expostas. Dessa maneira, nessas zonas, os organismos se distribuem espacialmente de acordo com o grau de adaptabilidade às pressões externas. Essa distribuição é chamada de zonação.

Os estuários são regiões costeiras parcialmente fechadas, que recebem o aporte de água doce de rios que se misturam significativamente com a água salgada do mar, criando uma massa de água salobra. São considerados berçários marinhos, dada a grande quantidade de animais que buscam esses locais para reprodução e alimentação. Isso se deve principalmente à abundância de alimento, que é característica dos estuários. Os rios que deságuam nessas regiões transportam muitos nutrientes que são assimilados pelo fitoplâncton, permitindo o desenvolvimento de uma grande biomassa, quando a penetração da luz não é muito limitada pela turbidez da água (que normalmente também transporta muitos sedimentos em suspensão). Essa abundância de fitoplâncton sustenta uma grande biomassa de zooplâncton (incluindo as larvas de futuros seres bentônicos ou nectônicos) e peixes herbívoros, que, por sua vez, servem de alimento a organismos maiores. As marés costumam impor ampla variação de salinidade nos estuários ao longo do dia, o que limita seu povoamento por espécies sensíveis à variação halina. Por esse motivo, a diversidade nos estuários costuma ser baixa, apesar de a biomassa ser alta. Nas regiões equatoriais e tropicais, a vegetação que margeia os estuários é formada por mangues.

Os mangues são áreas de sedimento fino que sofrem a ação das marés e apresentam uma vegetação característica composta por árvores como *Rhizophora mangle* (mangue vermelho), a *Avicennia schaueriana* (mangue preto) e a *Laguncularia racemosa* (mangue branco), entre outras. Uma grande fauna bentônica habita o sedimento abaixo dessas árvores, especialmente caranguejos, que são explorados comercialmente por comunidades locais de catadores. A variação das marés permite que o sedimento dos manguezais seja periodicamente exposto ao ar e recoberto por água ao longo do dia, o que permite reações de oxidorredução que favorecem a ciclagem de nutrientes.

A destruição de muitos ecossistemas costeiros, exclusão ou extinção de espécies são fenômenos relacionados à resiliência do ecossistema. A resiliência refere-se à capacidade que um ecossistema tem para manter sua organização, mesmo sendo submetido a perturbações externas (VALLEGA, 2001). Quando as perturbações externas excedem o limiar de resiliência (que são diferentes para cada ecossistema), as cadeias tróficas começam a sofrer modificações, podendo atingir novo equilíbrio, em uma estrutura diferente, ou podem entrar em colapso e serem destruídas.

Nas plataformas continentais, as condições ambientais que definem o tipo de ocupação biológica estão relacionadas ao tipo de sedimento que recobre o fundo (que é dependente do regime de correntes da área); da disponibilidade de alimento – que por sua vez depende de vários outros fatores como: a profundidade, a incidência de luz, a disponibilidade de nutrientes (que irão controlar a produção primária no sedimento); a distribuição vertical da temperatura da água; a distância da costa e o tipo de ambiente costeiro adjacente. Por exemplo, áreas de plataforma próximas a estuários recebem um maior aporte de material particulado que se precipita para o fundo (a "neve marinha") servindo de alimento para alguns organismos bentônicos e da coluna de água também.

A comunidade bentônica da área sobre a plataforma é bastante diversificada e rica. Nessas áreas, em função da profundidade relativamente pequena (até cerca de 200m) os organismos do plâncton, nécton e bentos apresentam estreitas relações nutricionais, compondo cadeias tróficas com a participação de representantes de cada categoria. O bentos pode se alimentar de organismos planctônicos e depois servir de alimento para peixes que se alimentam junto ao fundo, por exemplo.

Os recifes de coral constituem um sistema bentônico muito rico e diversificado, característico de águas claras, limpas, quentes e com muita incidência luminosa, que geralmente ocorrem nas plataformas dos mares tropicais. Os recifes são estruturas calcárias construídas por pólipos de celenterados que formam colônias. Esses pólipos vivem em simbiose com as zooxantelas (uma microalga) que se incubem da produção primária nesses ambientes. Há uma grande associação de bactérias, estrelas-do-mar, esponjas e vários peixes bentônicos e nectônicos associados a esse sistema, criando uma complexa rede de interações. Os recifes de corais estão ameaçados pela acidificação dos oceanos em decorrência do aumento de CO_2 na atmosfera (como exposto anteriormente), que tem sérios efeitos sobre os esqueletos coralinos. Há também o problema do branqueamento dos corais, causado pela diminuição na quantidade de pigmentos fotossintéticos das zooxantelas ou mesmo pela morte destas microalgas. Dessa maneira, todo o restante do sistema fica condenado, uma vez que a produção primária é afetada.

Nos mares profundos, não há luz disponível, as águas são frias (média de 4 °C), a pressão hidrostática é alta e há pouca variação das condições ambientais. A entrada de energia nesse ambiente ocorre por sedimentação de material orgânico das camadas superficiais do oceano (**bomba biológica** e **neve marinha**) e por quimiossíntese bacteriana em locais onde há atividade vulcânica, como as fontes hidrotermais. Como a disponibilidade de alimento é baixa, a biomassa bentônica também é pequena e predominantemente depositívora. Os pepinos-do-mar e os ofiúros são habitantes comuns dos mares profundos, seguidos por poliquetas e crustáceos. Alguns organismos bentônicos também apresentam luminescência (como visto no nécton).

4.4 Considerações finais

A partir do que foi apresentado em termos da estrutura física e da biocenose oceânica, depreende-se que, apesar de os oceanos serem interconectados como um fluido contínuo, há muitas diferenças em termos de distribuição latitudinal, geográfica e vertical, que permitem a existência de diversos ambientes com características muito distintas, que, consequentemente, irão abrigar floras, faunas e processos com características também particulares. Assim, os oceanos apresentam diversos biomas, cujos limites são difíceis de estabelecer justamente pelo fato de se tratar de um fluido contínuo. De um modo geral, são considerados os biomas de ventos alísios, de ventos de oeste, polares (seguindo os padrões de circulação atmosférica) e costeiros. Os biomas são subdivididos em províncias, divisão que leva em consideração as características oceanográficas regionais e as redes tróficas que nelas se instalaram. De acordo com Longhurst (1998) os oceanos são divididos em 52 províncias.

A interconectividade, entretanto, é a característica mais marcante do sistema oceano. Trata-se da capacidade que o ecossistema tem para estabelecer, manter e reforçar ligações com ecossistemas adjacentes por meio de caminhos de transferência de energia, nutrientes e materiais. Assim, os oceanos podem ser entendidos como uma série de ecossistemas muito ligados entre si por processos físicos, como a circulação; químicos, como ciclagem de nutrientes; e biológicos, como o caso de animais que migram através de diversos oceanos, ou ao longo de grandes profundidades na coluna de água. Em função disso, os impactos que ocorrem nos oceanos também não respeitam fronteiras de países e tendem a se tornar globais, como os processos de aquecimento de águas superficiais causado pelo aumento dos GEEs na atmosfera, a redução na biomassa fitoplanctônica, a poluição que alcança as mais remotas regiões do globo etc. Além disso, o sistema oceânico é um sistema aberto, interconectado com a atmosfera e continentes, de forma que ocorrem trocas de matéria e energia entre esses componentes. Essa rede de complexas interações, de múltiplas origens e escalas espaciais e temporais, que têm efeitos sinergéticos e reguladores, exige que os oceanos sejam entendidos e tratados como um todo único, como o “sistema oceano”.

Referências bibliográficas

ANDERS, E.; EBIHARA, M. Solar system abundances of the elements. *Geochim. Cosmochim. Acta*, n. 46, p. 2363-2380, 1982.

ANDREAE, M. O. Ocean-atmosphere interactions in the global biogeochemical sulfur cycle. *Mar. Chem.*, n. 30, p. 1-29, 1990.

BERGER, W. H.; SMETACEK, V. S.; WEFER, G. Ocean productivity and paleoproductivity: an overview. In: BERGER, W. H.; SMETACEK, V. S.; WEFER, G. (Eds.). *Productivity of the ocean*: present and past. Berlin: Wiley-Interscience, 1989. p. 1-34.

BONECKER, A. C. T.; BONECKER, S. L. C.; BASSANI, C. Plâncton Marinho. In: PEREIRA, R. C.; CRESPO-SOARES, A. (Org.). *Biologia marinha*. Rio de Janeiro: Interciência, 2002. p. 103-125.

BOYCE, D. G.; LEWIS, M. R.; WORM, B. Global phytoplankton decline over the past century. *Nature*, n. 466, p. 591-596, 2010.

BUESSELER, K. O.; DONEY, S. C.; KARL, D. M.; BOYD, P. W.; CALDEIRA, K.; CHAI, F.; COALE, K. H.; DE BAAR, H. J. W.; FALKOWSKI, P. G.; JOHNSON, K. S.; LAMPITT, R. S.; MICHAELS, A. F.; NAQVI, S. W. A.; SMETACEK, V.; TAKEDA, S.; WATSON, A. J. Ocean iron fertilization-Moving foward a sea of uncertainty. *Science*, n. 319, p. 162, 2008.

CAPRIULO, G. M.; SMITH, G.; TROY, R.; WIKFORS, G. H.; PELLET, J.; YARISH, C. The planktonic food web structure of a temperate zone estuary, and its alteration due to eutrophication. *Hydrobiol*, n. 475-476, p. 263-333, 2002.

CASTRESANA, J.; SARASTE, M. Evolution of energetic metabolism: the respiration-early hypothesis. *Trends in Biochemical Sci*ences, n. 20, p. 443-448, 1995.

CHARRETE, M. A.; SMITH, W. H. F. The volume of earth's ocean. *Oceanography*, v. 23, n. 2, p. 112-114, 2010.

CODISPOTI, L. A. Phosphorous vs Nitrogen limitation of new and export production. In: BERGER, W. H.; SMETACEK, V. S. (Eds.). *Productivity of the ocean*: present and past. New York: Wiley, 1989.

DIAZ, R. J.; ROSENBERG, R. Spreading dead zones and consequences for marine ecosystems. *Science*, n. 321, p. 926-929, 2008.

FIELD, C. B.; BEHRENFELD, M. J.; RANDERSON, J. T.; FALKOWSKI, P. Primary production of the biosphere: integrating terrestrial and oceanic components. *Science*, v. 281, n. 10, p. 237-240, 1998.

GILBERT, W. The RNA world. *Nature*, n. 319, p. 618, 1986.

HALDANE, J. B. S. *The origin of life.* London: Rationalist Annual, 1928.

HALPERN, B. S.; WALBRIDGE, S.; SELKOE, K. A.; KAPPEL, C. V.; MICHELI, F.; D'AGROSA, C.; BRUNO, J. F.; CASEY, K. S.; EBERT, C.; FOX, H. E.; FUJITA, R.; HEINEMANN, D.; LENIHAN, H. S.; MADIN, E. M. P.; PERRY, M. T.; SELIG, E. R.; SPALDING, M.; STENECK, R.; WATSON, R. A global map of human impact on marine ecosystems. *Science*, v. 319, p. 948-952, 2008.

HUTCHINSON, G. E. The paradox of the plankton. *Am. nat.* n. 95, p. 137-147, 1961.

JONGUE, V. N.; ELLIOT, M.; ORIVE, E. Causes, historical development, effects and future challenges of a common environmental problem: eutrophication. *Hydrobiol.*, n. 475/476, p. 1-19, 2002.

LINEWEAVER, C. H.; SCHWARTZMAN, D. Cosmic Thermobiology, thermal constraints on the origin and evolution of life. In: SECKBACH, J. (Ed.) *Origins: Genesis, evolution and biodiversity of microbial life in the Universe*. Dordrecht: Kluwer, 2004. p. 233-248.

LISS, P. S.; MALIN, G.; TURNER, S. M. Production of DMS by marine phytoplankton. In: Restelli, G.; Angeletti. G. (Eds.). *Dimethyisulfide: oceans, atmosphere and climate*. Dordrecht: Kluwer, 1993, p. 1-14.

LONGHURST, A. R. *Ecological geography of the sea.* San Diego: Academic Press, 1998.

LONGHURST, A. R.; HARRISON, W. G. The biological pump: profiles of plankton production and consumption in the upper ocean. *Prog. Oceanog.*, n. 22, p. 47-123, 1989.

LOPES R. M. (Org.) *Informe sobre as espécies exóticas invasoras marinhas no Brasil*. Brasília: Ministério do Meio Ambiente – Secretaria de Biodiversidade e Florestas, 2009.

NIXON, W. F. Nutrients, primary production and fisheries yields in coastal lagoons. *Oceanol. Acta*. n. 5, p. 357-371, 1992.

ODUM, E. P. *Ecologia*. Rio de Janeiro: Guanabara Koogan, 1988.

OLIVEIRA, G. O. *El niño e você*: o fenômeno climático. São José dos Campos: Transtec, 2001.

OPARIN, A. I. *Origin of life*. 1953 edition. New York: Dover Publications Inc., 1938.

PAES, E. T. Nécton Marinho. In: PEREIRA, R. C.; CRESPO-SOARES, A. (Org.). *Biologia marinha*. Rio de Janeiro: Interciência, 2002. p. 159-194.

PARSONS, T. R.; TAKAHASHI, M. *Biological oceanographic processes*. Oxford: Pergamon Press, 1973.

POSTMA, H. Distribution of nutrients in the sea and the oceanic nutrient cycle. In: COSTLOW, J.D. (Ed.). *Fertility of the sea*. Germany: Gordon and Breach Science Publishers, 1971, p. 337-350.

POSTMA, H. Physical and chemical oceanographic aspects of continental shelves. In: POSTMA, H.; ZIJLTRA, J. J. (Eds.). *Ecosystems of the World 27: Continental Shelves*. Amsterdam: Elsevier, 1988. p. 5-37.

RILEY, G. A. Limnological studies in Connecticut. Part III. The plankton of Linsley Pond. *Ecol. Monogr*. n. 10, p. 281-306, 1940.

RYTHER, J. H. Photosynthesis and fish production in the sea. *Science*, v. 166, p. 72-76, 1969.

SCHMIEGELOW, J. M. M. *O planeta azul*: uma introdução às ciências marinhas. Rio de Janeiro: Interciência, 2004.

SHAPIRO, R. Uma origem mais simples da vida. *Scientific American* (Brasil), v. 6, n. 62, p. 36-43, 2007.

SOARES-GOMES, A.; FIGUEIREDO, A. G. O ambiente marinho. In: PEREIRA, R. C.; CRESPO-SOARES, A. (Org.). *Biologia marinha*. Rio de Janeiro: Interciência, 2002, p. 1-33.

VALLEGA, A. *Sustainable ocean governance*: a geographical perspective. New York: Routledge, 2001.

WENTWORTH, C. K. A scale of grade and class terms for clastic sediments. *Journal of Geology*, n. 30, p. 377-392, 1922.

YAMAGUCHI, K. E. Evolution of the atmospheric oxygen in the early precambrian: an updated review of geological 'evidence'. In: FUKAO, Y. (Ed.). *Frontier Research on Earth Evolution*, n. 2, p. 4-23, 2005.

5 Recursos oceânicos

Apresentamos aqui uma síntese dos principais recursos e serviços oceânicos, bem como alguns dos problemas relacionados à sua exploração e uso, que serão discutidos mais especificamente no próximo capítulo.

Os oceanos são fonte de recursos para a humanidade desde os primórdios das civilizações. A dependência do homem pelos recursos naturais marinhos fica bem ilustrada pelo fato de as grandes civilizações antigas terem se desenvolvido em áreas costeiras ou de deltas de grandes rios como o Nilo, Tigre e Eufrates.

As regiões costeiras englobam menos de 20% da superfície do planeta. Entretanto, atualmente, comportam mais de 45% da população humana, 75% das megalópoles com mais de 10 milhões de habitantes e produzem cerca de 90% da pesca global (LACERDA, 2010).

A pesca é, sem dúvida, um dos mais importantes e populares recursos marinhos, que há tempos dá sinais de sobre-exploração. Porém, ela representa apenas um dentre uma enorme variedade de recursos oceânicos de naturezas e usos múltiplos. O oceanógrafo John Marra, em um artigo publicado na revista *Nature* em 2005, afirmava que os estoques pesqueiros em todo o mundo estão declinando rapidamente e que, as atividades futuras de manejo e preservação dos recursos oceânicos irão requerer uma transformação de nossa relação com os oceanos. No artigo, ele defende a "domesticação" do mar, ou seja, a produção controlada de pescados em fazendas marinhas afastadas da costa. No entanto, a mensagem do autor serve a outros fins: mostra a necessidade de aplicar práticas responsáveis e com embasamento científico para exploração sustentável dos recursos marinhos – a governança necessária – discutida no Capítulo 7.

Além da pesca, a extração do sal marinho é outra atividade muito antiga, cujos primeiros registros datam de cinco mil anos, remontando aos egípcios, babilônios, chineses e às civilizações pré-colombianas. Inicialmente, apenas as civilizações costeiras tinham acesso à extração do sal, com uma produção, por vezes, descontinuada em virtude de condições climáticas ou do mar. A tecnologia de exploração começou a evoluir na Idade Média. Pela escassez, seu valor econômico era alto, a ponto de ter sido usado como moeda. A própria palavra **salário** originou-se do costume romano de pagar parte da remuneração aos soldados em sal.

O uso dos oceanos como meio de ligação entre áreas terrestres distantes por meio da navegação, teve sua importância aumentada com o desenvolvimento social e tecnológico da humanidade. As grandes navegações, motivadas pelo comércio das especiarias das Índias e as descobertas decorrentes dessas jornadas, foram um passo crucial na relação do homem com o oceano. Como apresentado anteriormente, em 1845, a Royal Geographical Society de Londres, motivada pela necessidade de padronizar mapas e criar uma linha de base comum para a navegação, comércio e outros negócios direcionados aos mares promoveu o desenvolvimento de uma nomenclatura para os oceanos e mares. Assim, as primeiras cartas de navegação começaram a ser publicadas em 1853. A colocação de um cabo submarino entre a Europa e os Estados Unidos, em 1865, tornou o oceano um espaço de comunicação à longa distância (VALLEGA, 2001). A viagem do Challenger (1872-1876) levou uma equipe multidisciplinar com o objetivo de mapear os oceanos. A expedição circum-navegou o globo, visitou todos os continentes, sondou os fundos oceânicos até 26.850 pés (~886 km) e encontrou várias novas espécies de organismos marinhos. Foi o marco histórico mundial para o conhecimento dos oceanos e seus recursos.

De acordo com Vallega (2001), a percepção de que os recursos oceânicos poderiam ter um importante papel no provimento para futuras gerações, começou a se disseminar na década de 1970, em decorrência de evoluções tecnológicas. Como exemplo, pode-se citar a utilização de sensores remotos, que possibilitaram a exploração dos leitos submarinos profundos, permitindo estimar abundância dos campos de nódulos metálicos a profundidades entre 4.000 e 6.000 m. Esses campos já haviam sido detectados na viagem do Challenger em profundidades menores, mas, a partir dessas novas observações, seu potencial de exploração econômica foi reconhecido. Avanços nos conhecimentos biológicos e de técnicas de bioengenharia deram força à aquicultura. Como resultado, a exploração oceânica se direcionou tanto aos recursos vivos quanto aos não vivos (abióticos), com impactos sem precedentes na organização econômica e social.

Em virtude do reconhecimento do potencial econômico da exploração dos recursos oceânicos, em 1982, a CNUDM estabeleceu critérios para definir a área de soberania nacional dos Estados costeiros em relação às áreas oceânicas contíguas. A partir de uma linha de base (cujo conceito também foi definido no mesmo documento) foram definidos: o **mar territorial** (até 12 milhas náuticas), a **zona contígua** (até 24 milhas náuticas), a **zona econômica exclusiva** (ZEE, até 200 milhas náuticas) e o limite exterior da plataforma continental (PC), além das 200 milhas, bem como os critérios para o delineamento do limite exterior da plataforma. O artigo 76 da CNUDM estabelece que:

> A plataforma continental de um Estado costeiro compreende o leito e o subsolo das áreas submarinas que se estendem além do seu mar territorial, em toda a extensão do prolongamento natural do seu território terrestre, até ao bordo exterior da margem continental, ou até uma distância de 200 milhas.

Ou seja, pelo estabelecido, prevalece o que for mais longo: se a PC for curta, a ZEE abrange as áreas oceânicas até o limite de 200 mn. Por outro lado, se a PC se estender para além deste limite, toda a riqueza do solo e subsolo dessa área pertence à Nação, mas a área pelágica é internacional. A CNUDM permitiu que os Estados costeiros pudessem pleitear à Comissão de Limites da Plataforma Continental (CLPC) o estabelecimento do limite exterior de suas PCs, para além das 200 mn mas até um limite máximo de 350 mn, a partir das linhas de base da costa. Nesse prolongamento, o Estado costeiro tem direito à exploração e explotação dos recursos do solo e subsolo marinhos, mas não dos recursos vivos da camada líquida sobrejacente.

O Brasil, por exemplo, tem atualmente uma ZEE de 3.539.919 km^2 e está pleiteando a expansão desses limites, acrescentando uma área correspondente a 963 mil km^2. A CLPC da CNUDM aceitou parcialmente essa proposta e, caso venha a ser aceita na íntegra, o território oceânico nacional abrangerá uma área de cerca de 4,5 milhões de km^2. Essa área marinha corresponde aproximadamente à metade do território terrestre nacional, sendo bem maior do que a área da Amazônia. Por equivaler a uma "Amazônia em pleno mar", essa área vem sendo chamada pela Marinha do Brasil de "Amazônia Azul"[1], não só por suas dimensões, mas também, pelos seus incomensuráveis recursos naturais e valor estratégico. Assim, é desejável que a sociedade brasileira tenha a sensibilidade necessária para empreender ações e gestões para a ocupação, conhecimento e defesa dessa imensa área[2].

A exploração e explotação dos recursos vivos e não vivos do subsolo, do solo e das águas sobrejacentes na ZEE são prerrogativas do Estado costeiro, que, a seu critério, poderá autorizar a outros países que o façam. Entretanto, no que diz respeito aos recursos vivos, a CNUDM prevê que o Estado costeiro, caso não tenha capacidade de exercer aquelas atividades, é obrigado a permitir que outros Estados o façam.

5.1 Recursos abióticos

5.1.1 Recursos minerais

Em termos de recursos minerais, o sal presente na água dos oceanos é, por si, um bem mineral e fonte sustentável de elementos economicamente importantes, como por exemplo, o cloro, sódio, magnésio, potássio, bromo, estrôncio e boro. Entretanto, até o presente, os únicos elementos comercialmente extraídos da água do mar em grande escala são o sódio, cloro e bromo (MELLO; PALMA, 2000).

O sal marinho é extraído pela evaporação da água do mar (enquanto o sal de rocha, ou sal gema, é retirado de minas subterrâneas, inclusive algumas submarinas). Em termos de reservas mundiais, as de sal são

[1] TORRES, L. C.; FERREIRA, H. de S. Amazônia azul: a fronteira brasileira no mar. Disponível em: <http://www.mar.mil.br/dhn/dhn/amazoniazul.pdf>. Acesso em: 19 set. 2010.

[2] Disponível em: <http://www.mar.mil.br/menu_v/amazonia_azul/amazonia_azul.htm> e <http://www.mar.mil.br/dhn/dhn/amazoniazul.pdf>. Acesso em: 23 set. 2010.

consideradas inesgotáveis. Países como China, França, Irlanda, Estados Unidos, Portugal e Brasil produzem sal marinho. Na maior parte do mundo, o sal marinho é mais caro que o sal de mesa.

Dentre os recursos minerais mais importantes para a manutenção da sociedade nos moldes atuais está o petróleo, cujas jazidas encontram-se, em grande parte, nos oceanos. No entanto, vários outros recursos minerais fundamentais para indústria e mesmo exploração de energia têm vastas fontes oceânicas. Algumas já são exploradas, outras ainda permanecem intactas em decorrência de limitações tecnológicas que impedem a viabilização de exploração.

O documento elaborado pelo Centro de Gestão e Estudos Estratégicos, intitulado "Mar e Ambientes Costeiros" (CGEE, 2007) apresenta um amplo levantamento dos recursos naturais de áreas oceânicas sob jurisdição nacional e em águas internacionais. Com base nesse levantamento, são apresentados, a seguir, os principais recursos abióticos das áreas oceânicas.

Os nódulos de manganês contêm, além do manganês, que é predominante, vários outros metais associados (cobre, níquel, cobalto, ferro, chumbo), daí o fato de serem chamados também de nódulos polimetálicos. Esses nódulos ocorrem nas regiões abissais em áreas marinhas internacionais (para além das ZEEs), e seu alto valor econômico deve-se à abundância com que esses metais ocorrem nessas áreas, em comparação ao que se encontra em suas jazidas terrestres, justificando o oneroso processo de exploração. A exploração dos nódulos polimetálicos começou nos anos 1960 e durante as décadas seguintes houve uma intensa exploração desse material.

Conforme descrito no Capítulo 2, a competição dos países desenvolvidos na exploração dessas reservas provocou uma reação dos países em desenvolvimento, durante a CNUDM, que consideravam essas reservas como patrimônio da humanidade e, portanto, defendiam que os rendimentos da exploração deveriam ser distribuídos equitativamente entre todos os países. Esse posicionamento foi revisto somente em 1994, o que permitiu a efetiva promulgação da Convenção, abrindo-se o caminho para a comunidade internacional cooperar na exploração do leito oceânico.

Sulfetos polimetálicos são depósitos autigênicos ricos em metais como cobre, zinco, alumínio, ouro e prata, encontrados nos assoalhos oceânicos. Sua formação ocorre pela liberação de fluidos hidrotermais quentes (400 °C), carregados de metais e gases dissolvidos como o metano e o ácido sulfúrico, em fissuras da crosta nas cordilheiras ou no assoalho oceânico. Ao entrarem em contato com a água fria do mar profundo, esses materiais se precipitam originando os sulfetos polimetálicos, formando verdadeiras jazidas submersas. A extração desses depósitos, além de ser viável economicamente, apresenta vantagens sobre a exploração dos depósitos terrestres em termos ambientais.

As crostas cobaltíferas, depósitos rico em cobalto e possivelmente também em cádmio e molibdênio, são encontradas nos montes submarinos a profundidades que variam de 400 a 4.000 m.

Areias, cascalhos e argilas são materiais abundantes nas áreas de plataforma continental, utilizados na indústria de construção em geral, em obras costeiras como atracadouros e molhes, na reconstrução de feições costeiras erodidas e na indústria cerâmica. Sua extração é feita por dragagens em áreas acima de 45 m de profundidade. Essas atividades podem ter impactos importantes sobre a biota bentônica do local de extração (como todas outras atividades de mineração marinha), como aumento da turbidez da água, soterramento de espécies e destruição de hábitats. Nesse sentido, esse tipo de exploração exige um planejamento minucioso da área a ser dragada e da forma com que esse procedimento será efetuado a fim de minimizar o dano ambiental. Países como o Japão, França, Inglaterra, Estados Unidos, Holanda, Dinamarca e Brasil destacam-se na exploração desses recursos.

Outro tipo de sedimento que tem ampla utilização comercial são os sedimentos calcários inconsolidados, formados principalmente por algas calcárias. Além do calcário, esses depósitos apresentam vários elementos como ferro, manganês, boro, níquel, zinco, molibdênio e estrôncio em quantidades pequenas e variáveis. As maiores demandas ocorrem na produção de fertilizantes, tratamento de água para consumo, indústria de cosméticos, produção de implantes ósseos, dentre outros. Depósitos de conchas (concheiros), encontrados em diversas áreas da plataforma continental, também são explorados para a produção de cimento e cal, destinados à indústria de construção civil.

Depósitos de minerais física e quimicamente resistentes, como ouro, platina, estanho (cassiterita), titânio (rutilo e ilmenita), ferro (magnetita), zircônio, tungstênio, cromo, cério e tório (monazita), além de pedras preciosas, são chamados conjuntamente de depósitos de pláceres. Esses minerais são erodidos das rochas continentais e carregados pelos rios, indo acumular-se, ao final de um longo processo, em praias e áreas de plataforma de todo o mundo. Esses depósitos, em geral, não se formam muito além da linha de costa. São exemplos os depósitos de diamante na Namíbia e África do Sul, ouro no Alasca, titânio na Flórida, Austrália e Brasil, que também possui depósitos de areias monazíticas.

As fosforitas são sedimentos autigênicos compostos por minerais fosfáticos, encontradas principalmente nas áreas de plataforma e talude continental em partículas do tamanho de grãos de areia ou de nódulos, que se formam em áreas de ressurgência. O teor de fosfato nesses depósitos normalmente é inferior ao dos depósitos continentais, o que desestimula sua exploração. Reservas dessa natureza são encontradas em margens continentais do México, do Peru, do Chile, da Austrália, da Nova Zelândia e dos Estados Unidos.

A glauconita é outro tipo de sedimento autigênico, que consiste em um silicato hidratado de potássio e ferro. Ocorre nas margens continentais e tem sua formação vinculada a áreas de grande produtividade primária, normalmente associadas a ressurgências, como também ocorre com a formação das fosforitas. É utilizado para tratamento de águas residuárias e como fertilizante.

Depósitos de sais de potássio, magnésio, gipsita e sal-gema podem ser encontrados em áreas de plataforma como sedimentos estratificados, formando domos ou almofadas. Esses depósitos ocorrem em formações denominadas bacias evaporíticas. Associados a essas bacias podem existir também reservas de enxofre, na forma de estratos ou contidos nas rochas capeadoras dos domos de sal. Os Estados Unidos são os líderes em produção de enxofre (que é um elemento considerado estratégico) retirado de domos no Golfo do México.

Jazidas de carvão são encontradas nas áreas de plataforma normalmente como extensão de jazidas continentais. No Japão, 30% da produção de carvão provêm dessas fontes. Jazidas mais distantes da costa poderão ser exploradas, no futuro, com a implantação de ilhas artificiais e técnicas de gaseificação. Essas fontes podem, em alguns casos, representar recursos que permitam longa exploração, como é o caso de uma jazida no Canadá que vem sendo explorada já há 80 anos e, embora já tenha passado do seu pico de produtividade, continua ativa.

Nos oceanos são encontradas jazidas de hidratos de gás, principalmente em áreas de elevação continental, mas também, em zonas de subducção, de dobramentos e em planícies oceânicas. Estudos indicam que essas reservas representem o dobro dos hidrocarbonetos fósseis do planeta. Hidratos de metano têm origem biogênica e constituem as maiores reservas de carbono do planeta. Essas reservas permanecem em seu estado prístino e o impacto da exploração desse recurso para o clima global ainda não pode ser avaliado, pois não se conhece o comportamento do hidrato de metano quando liberado na coluna de água.

Outros depósitos de elementos como o vanádio, podem ocorrer no assoalho marinho em virtude do aporte continental por meio de rios. Depósitos de sedimentos biogênicos como lamas orgânicas, vasas organogênicas, carbonáticas, silicosas e de globigerina são encontradas em vários oceanos. As aplicações desses materiais na indústria são múltiplas.

Os depósitos minerais marinhos, em geral, podem representar um importante recurso a médio e longo prazo dependendo de conjunturas internacionais, e, portanto, merecem total atenção no que diz respeito aos estudos relacionados à sua atual exploração e explotação. A distribuição, concentração e gênese desses depósitos servem, inclusive, como modelo para a caracterização dos depósitos de origem marinha, atualmente encontrados no continente. Por esses motivos, os recursos minerais marinhos devem ser entendidos como um recurso predominantemente estratégico (MELLO; PALMA, 2008).

Os principais recursos encontrados em margens passivas dos oceanos são hidrocarbonetos (petróleo e gás) e, em ambas as margens (passivas e ativas), hidratos de metano (SOUZA; MARTINS, 2008). A extração do petróleo em áreas marinhas iniciou-se em 1896 na Califórnia, mas, o verdadeiro início da produção mundial de petróleo deve ser considerado como em 1938, a partir de instalações no Golfo do México (VALLEGA, 2001). A crise do petróleo na década 1970 foi um marco energético mundial, pois, além do aumento no preço do petróleo, revelou o grau de dependência dos países ao petróleo produzido no Oriente Médio. Isso serviu de estímulo para que grandes companhias petrolíferas buscassem alternativas de produção. Dessa maneira, os depósitos marinhos voltaram a ser economicamente competitivos. O Mar do Norte e o Golfo do México foram os primeiros locais a serem explorados. A partir de então, a prospecção e exploração do petróleo em áreas oceânicas se estabeleceu, e o desenvolvimento tecnológico está permitindo que reservas em locais inóspitos sejam exploradas, como é o caso do petróleo do pré-sal. As reservas de petróleo encontradas na camada pré-sal do litoral brasileiro encontram-se em profundidades que variam de 1.000 a 2.000 m de lâmina de água e entre 4.000 e 6.000 m de profundidade no subsolo, chegando, portanto, a até 8.000 m da superfície do mar. Jazidas no pré-sal também podem ser encontradas no litoral das ilhas Malvinas, no litoral atlântico da África, no Japão, no Mar Cáspio, nos Estados Unidos, na região do Golfo do México.

A água do mar é utilizada como fonte de água potável em muitos lugares do planeta. São dois os principais processos empregados nas usinas de dessalinização da água: a destilação e a osmose reversa. O custo desse tratamento é alto, mas, em muitos casos, é a única alternativa para suprir a população com água potável. Outras vezes, o transporte e o tratamento de água proveniente de fontes muito distantes acabam por tornar a dessalinização uma alternativa economicamente viável. Atualmente, existem cerca de 7.500 usinas de dessalinização em operação no Golfo Pérsico, na Espanha, em Malta, na Austrália e no Caribe convertendo 4,8 bilhões de metros cúbicos de água salgada em água doce, por ano[3]. Alguns países árabes simplesmente "queimam" petróleo para a obtenção de água doce por meio da destilação, uma vez que o recurso mais escasso, para eles, é a água.

5.1.2 Fontes de energia

Os oceanos também têm um importante papel como fonte de energia que pode ser transformada em energia elétrica. Os processos mais importantes de exploração baseiam-se na energia de marés, energia de ondas e energia térmica oceânica, apresentadas a seguir.

Energia de marés

A energia maremotriz consiste na transformação da energia contida no movimento de massas de água, causado pelas marés, em energia elétrica. Essa energia pode ser obtida a partir de dois mecanismos:

---

[3] Disponível em: <http://www.profrios.hpg.ig.com.br/html/artigos/des-agua.htm>. Acesso em: 3 out. 2010.

pela energia cinética das correntes de maré ou pela energia potencial proporcionada pela diferença de altura entre as marés alta e baixa.

A energia das marés é obtida de modo semelhante ao da energia hidrelétrica: constrói-se uma barragem, de modo a formar um reservatório na área costeira. Na maré enchente, a água passa por uma turbina hidráulica e enche o reservatório. Da mesma forma, na maré vazante, a água sai do reservatório passando pela turbina. O movimento da turbina é transformado em energia elétrica. Para que esse sistema funcione bem são necessárias marés e correntes fortes e que haja uma variação no nível da água de pelo menos 5,5 m da maré baixa para a maré alta. Existem poucos locais no mundo com tal alcance de marés, mas esse recurso energético é usado no Japão, na Inglaterra, na Irlanda e na França, onde foi construída a primeira usina maremotriz do mundo para geração de eletricidade (a usina de La Rance, em 1963), que atualmente produz cerca de 600 GWh/ano[4].

Energia de ondas

O movimento das águas pela ação de ondas também pode ser utilizado como fonte de energia. O primeiro parque de ondas pré-comercial do mundo foi inaugurado em Portugal, em setembro de 2008: o Parque de Ondas da Aguçadoura. Localizado a cerca de 5 km da costa portuguesa, tem três máquinas, que parecem enormes cobras que oscilam ao sabor das ondas mar. As máquinas, compostas por três módulos, têm um comprimento total de aproximadamente 142 m e potência global de 750 kW. A energia armazenada é, depois, transferida para um sistema hidráulico, que produz a energia elétrica[5].

No Brasil, uma usina piloto de produção de energia elétrica mediante o uso da força das ondas do mar está em fase final de instalação no Complexo Industrial e Portuário do Pecém, no Ceará, com previsão para início de operação em outubro de 2010.

---

[4] Disponível em: <http://en.wikipedia.org/wiki/Rance_Tidal_Power_Station>. Acesso em: 7 out. 2010.

[5] Disponível em: <http://www.cm-pvarzim.pt/fomento-economico/desenvolvimento-economico/parque-de-ondas-de-agucadoura/parque-de-ondas-da-agucadoura-ja-produz-energia>. Acesso em: 7 out. 2010.

A energia térmica dos oceanos

O princípio de transformação de energia aplicado nesse processo baseia-se na diferença entre as temperaturas das águas oceânicas superficiais e das águas profundas, abaixo da termoclina. A máquina de conversão de calor em energia cinética é colocada entre esses dois "reservatórios". A diferença de temperatura produz um movimento em tubos circulares fechados, conectados a turbinas que estão ligadas em geradores, produzindo energia elétrica. Quanto maior for a diferença de temperatura das águas maior é a eficiência do sistema, ainda que ela seja bastante baixa atualmente, da ordem de 1 a 3%. Entretanto, ele pode ser configurado para operar continuamente como um sistema de geração de energia de base. Apesar de ser uma fonte de energia renovável, seu custo de produção ainda é muito alto. Contudo, a energia potencial total disponível para esse sistema é uma ou duas ordens de magnitude maior que a representada pela energia de ondas. A eficiência teórica máxima da energia térmica oceânica é de 6 a 7% e avanços tecnológicos caminham no sentido de se obter algo muito próximo dessa eficiência máxima. Os Estados Unidos foram os primeiros a explorar esse tipo de energia em uma usina experimental Keahole Point, no Havaí, que operou entre 1992 e 1998, sendo desativada em 1999[6].

5.2 Recursos bióticos

O Terceiro Panorama da Biodiversidade Global (GBO-3, 2010), recém-lançada publicação da Convenção sobre a Diversidade Biológica da ONU, considera que são cinco as principais pressões que estão causando diretamente a perda de biodiversidade nos ambientes terrestres e aquáticos: alterações nos hábitats, sobre-exploração, poluição, introdução de espécies exóticas e alterações climáticas. O relatório aponta que a meta de redução da perda da diversidade para 2010 não foi alcançada, bem como a meta de se ter ao menos 10% das áreas biologicamente relevantes no mundo protegidas em áreas de preservação. No caso das ecorregiões marinhas, 82% delas estão abaixo do objetivo dos 10%. Portanto, apesar de haver a conscientização e programas de con-

[6] Disponível em: <http://www.otecnews.org/articles/nelha_otec_history.html>. Acesso em: 7 out. 2010.

trole para a preservação da biodiversidade marinha, essa não é uma tarefa fácil porque engloba ações em escalas locais, regionais e globais de controle do uso e preservação dos recursos vivos dos oceanos. Porém, a manutenção dos estoques dos recursos vivos marinhos para explorações futuras depende substancialmente dessas ações de preservação e de adoção de mecanismos de exploração sustentável.

5.2.1 Pesca

A pesca nos oceanos é, essencialmente, o equivalente à caça no ambiente terrestre. Por isso, as mudanças em curso nos oceanos espelham as que aconteceram em terra: destruição de habitats, grandes alterações nas comunidades de vegetais e animais e perda de espécies animais de grande porte (MARRA, 2005). No entanto, a produção de alimento precisa dobrar nos próximos 50 anos para atender de forma pacífica a demanda da população humana mundial. Os oceanos terão um importante papel nesse desafio e existe a capacidade em atender grande parte dessa demanda: a aquicultura foi inteiramente responsável pelo aumento na produção de pescado nos últimos 25 anos, como será visto adiante.

O Código de Conduta de Pesca Responsável (FAO, 1995) defende a manutenção da qualidade, diversidade e disponibilidade de recursos pesqueiros em quantidades suficientes para gerações futuras. No entanto, segundo a FAO, 80% dos estoques pesqueiros estão ameaçados pela pesca excessiva. Dentre os principais estoques pesqueiros mundiais, 52% estão plenamente explorados e 25% sobre-explorados. Estoques de grande importância econômica sofreram diminuição abrupta, tais como a anchoveta peruana (que praticamente desapareceu em 1971, recuperando-se parcialmente uma década depois) e o bacalhau de Labrador, que entrou em colapso em 1989 e não apresentou recuperação até agora (HAIMOVICI, 2009). Uma evidência da pressão da pesca sobre os estoques é a diminuição do tamanho dos organismos capturados, indicando que os indivíduos não chegam a atingir seu pleno desenvolvimento antes da captura.

Segundo dados da FAO (2009), a pesca marinha por captura tem produzido regularmente entre 80 e 86 milhões de toneladas por ano, sendo cerca de uma ordem de grandeza superior à pesca por captura em águas interiores (Tabela 5.1).

TABELA 5.1 – Produção pesqueira e por aquicultura mundiais e estimativa de utilização de 2002 a 2006, em milhões de toneladas

Produção	2002	2003	2004	2005	2006
Águas Interiores					
Captura	8,7	9,0	8,9	9,7	10,1
Aquicultura	24,0	25,5	27,8	29,6	31,6
Produção total	32,7	34,4	36,7	39,3	41,7
Marinho					
Captura	84,5	81,5	85,7	84,5	81,9
Aquicultura	16,4	17,2	18,1	18,9	20,1
Produção total	100,9	98,7	103,8	103,4	102,0
Captura mundial total	93,2	90,5	94,6	94,2	92,0
Aquicultura mundial total	40,4	42,7	45,9	48,5	51,7
Pesca mundial total	133,6	133,2	140,5	142,7	143,6
Utilização					
Consumo humano	100,7	103,4	104,5	107,1	110,4
Usos não alimentícios	32,9	29,8	36,0	35,6	33,3
População (bilhões)	6,3	6,4	6,4	6,5	6,6
Suprimento de pescado per capita (kg)	16	16,3	16,2	16,4	16,7

Fonte: Adaptada de FAO, 2009.

A pesca se desenvolveu lentamente até o início do século XX, mas apresentou um rápido aumento nas décadas após a Segunda Guerra Mundial, graças à aplicação de muitas tecnologias desenvolvidas para a guerra na indústria pesqueira. O pico de produção ocorreu na década de 1970, quando começou a declinar, voltando a atingir o mesmo patamar no final daquela década (Figura 5.1). A participação da China, especialmente após 1985, foi decisiva para o aumento da produção mundial.

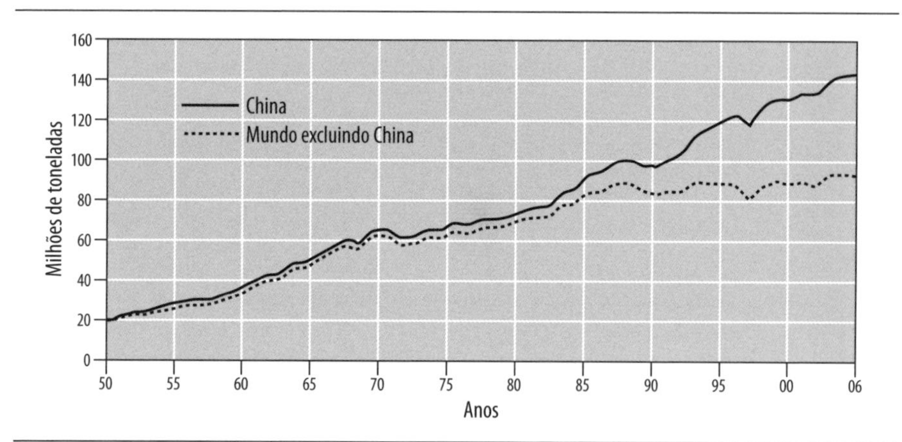

FIGURA 5.1 – Evolução da captura pesqueira de 1950 a 2006, com destaque para a produção da China.
Fonte: Adaptada de FAO, 2009.

A participação de espécies oceânicas no total de pescado mundial também tem crescido significativamente, com a contribuição principalmente da pesca do atum (Figura 5.2).

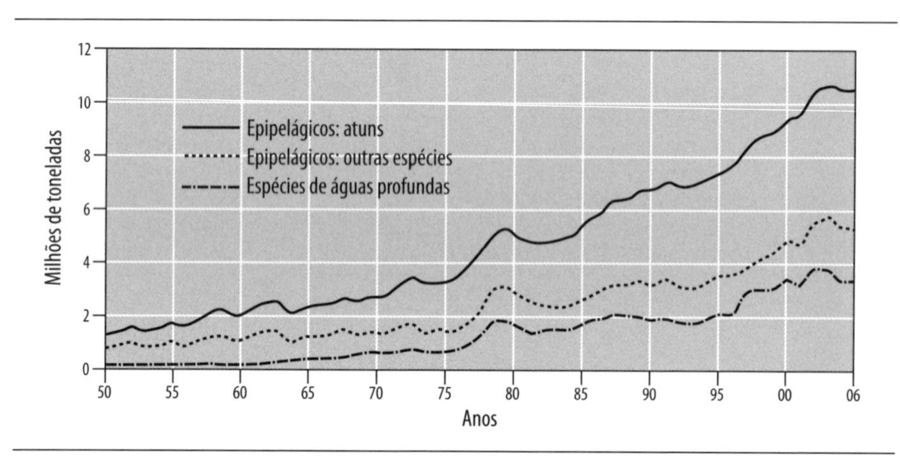

FIGURA 5.2 – Comparação entre as capturas de espécies oceânicas em áreas epipelágicas e profundas (abaixo dos 200 m).
Fonte: Adaptada de FAO, 2009.

As águas abaixo dos 200 m de profundidade, onde já não há mais penetração de luz, apesar de menos produtivas em termos de pesca, possuem vários estoques de crustáceos e peixes de elevado valor comercial. Com o desenvolvimento de recursos tecnológicos e de navegação, esses estoques estão sendo paulatinamente mais explorados. As decrescentes capturas de animais de talude indicam que a pressão exercida sobre suas populações está acima de sua capacidade de recuperação, demonstrando a fragilidade do ecossistema e sua baixa resiliência, que permitem apenas pescarias rigidamente controladas e limitadas. Entretanto, em geral, há interesses conflitantes mesmo internamente nos países, entre os setores ambientais, que dirigem esforços à conservação de estoques, e aqueles que representam a indústria pesqueira. Nos poucos exemplos de áreas protegidas, é possível verificar a recuperação de estoques e melhora da biodiversidade, como acontece no Brasil, por exemplo, onde a população de badejos triplicou na região de Abrolhos, após quatro anos da criação de áreas protegidas. Um aspecto positivo é que esses efeitos, em geral, ultrapassam a região das áreas de proteção, favorecendo novamente a pesca na região do entorno.

A pesca acidental é um problema grave para vários organismos marinhos. As espécies de interesse comercial, as "espécies-alvo", ao serem capturadas por aparatos ou técnicas pouco seletivas, vão acompanhadas por outras espécies de peixes, invertebrados, tartarugas e até mamíferos, de pouco ou nenhum valor comercial. Essa captura acidental muitas vezes representa uma biomassa muito maior do que a da espécie-alvo capturada. Esse *bycatch*, termo utilizado para designar a captura acidental, pode ser comercializado a baixos preços, ou é devolvido ao mar já morto ou em estado crítico de sobrevivência.

O *bycatch* pode ser diminuído com a utilização de métodos de captura mais seletivos, alguns com baixo custo e outros nem tanto. Essa fauna que acompanha as espécies-alvo nas áreas tropicais é composta, principalmente, por uma alta diversidade com um baixo número de indivíduos por espécie (DIAS; KATSURAGAWA, 2009). Portanto, o impacto que essas atividades têm sobre as comunidades, a estrutura trófica, e, em última instância, sobre o ecossistema pode ser muito profundo e, sem dúvida, contribui para os processos de perda de diversidade já observados nos ambientes marinhos.

5.2.2 Aquicultura

Após um crescimento lento até o início da década de 1980, a aquicultura passou, pela primeira vez, a contribuir com parte significativa do pescado consumido mundialmente pela população humana. A partir de uma produção de 1 milhão de toneladas por ano, no início dos anos 1950, a produção passou para 51,7 milhões de toneladas por ano em 2006, atingindo um rendimento de US$ 78,8 bilhões. A produção da aquicultura mundial é da ordem de 50% da produção mundial de pescado por captura (Tabela 5.1). Esse fato é o reflexo, não apenas da vitalidade desse setor, bem como do crescimento econômico global e dos contínuos avanços no processamento e comércio de pescados (FAO, 2009). A aquicultura continua sendo o setor de produção de alimento animal de crescimento mais acelerado, tendo ultrapassado a taxa de crescimento da população, com um aumento *per capita* de 0,7 kg em 1970 para 7,8 kg em 2006, com uma taxa média de crescimento anual da ordem de 6,9%.

A aquicultura mundial é fortemente dominada pela produção na região do Pacífico asiático, que contribui com 89% da produção em termos quantitativos e 77% em termos de valor. Essa dominância deve-se à enorme produção chinesa, que responde por 67% da produção global em termos de quantidade (Figura 5.1) e por 49% do valor global. A China produz 77% de todas as carpas e 82% do suprimento global de ostras. Para a região do Pacífico asiático, esses números correspondem, respectivamente, a 98 e 95% do total mundial. Além disso, a região é responsável por 88% da produção mundial de camarões. O Chile e Noruega são os dois líderes mundiais na produção de salmão cultivado, contribuindo com 33 e 31%, respectivamente.

A aquicultura aumentou a produtividade pesqueira e é uma atividade fundamental para a produção de alimento para a população mundial, atualmente na casa dos 7 bilhões de habitantes. Há um mercado potencial que vários outros países costeiros podem explorar no campo da aquicultura. O desenvolvimento biotecnológico aplicado aos cultivos tem aumentado o êxito e produtividade desses empreendimentos. Contudo, o custo ambiental dessas práticas tem que ser considerado. Estima-se que 40% dos peixes cultivados são criados em áreas costeiras e marinhas. No entanto, as práticas necessárias aos cultivos têm causado impactos significativos nessas áreas, tais como: eutrofização, destruição de manguezais, poluição em larga escala pelo uso de antibióticos e outros produtos químicos e deslocamento de pesqueiros tradicionais.

Alternativas para diminuir os impactos sobre as áreas costeiras têm sido apontadas: uma delas seria o deslocamento das fazendas marinhas para áreas afastadas da costa, onde a circulação oceânica e o maior volume da coluna de água atuariam no sentido de minimizar naturalmente os efeitos das descargas de materiais provenientes dessas atividades (MARRA, 2005). Outra opção é a implantação de sistemas de aquicultura multitrófica integrada (AMTI). A AMTI fundamenta-se no conceito de que o resíduo do cultivo de um organismo pode servir de alimento para outros cultivos, colocados no mesmo espaço. Um exemplo didático seria o cultivo de peixes, que demandam o uso de ração para seu crescimento. O excedente da ração e as partículas de fezes dos peixes servem de alimento a mexilhões filtradores. Os nutrientes inorgânicos gerados por decomposição bacteriana na coluna de água a partir do material particulado é aproveitado pelas algas, que se desenvolverão e poderão também servir de alimento vivo aos peixes e mexilhões. No processo final, há uma redução de resíduos e a produção diversificada de organismos.

A produção de plantas aquáticas por aquicultura também cresceu consistentemente, com uma média de crescimento anual da ordem de 8% desde 1970. Em 2006 a produção foi de 15,1 milhões de toneladas, correspondendo a 93% do suprimento total global de plantas aquáticas, sendo que 72% deste total foram produzidos na China.

5.2.3 Produtos naturais marinhos

Uma imensa variedade de produtos naturais é obtida a partir de organismos marinhos, principalmente das algas. O termo **alga** é aplicado para designar o conjunto de organismos fotossintetizantes marinhos, sem conotação taxonômica. Esse termo geral abrange as microalgas (unicelulares) – que compõem o fitoplâncton junto com as cianobactérias (como visto no capítulo anterior) – e as macroalgas (pluricelulares) – que abrangem três grupos: as vermelhas, as pardas e as verdes, que normalmente tem hábito bentônico. O uso mais antigo das macroalgas, muito difundido no Oriente, é o seu consumo como alimento, como é o caso da alga vermelha *Porphyra* (popularmente conhecida pelo seu nome japonês, *nori*), usada no preparo dos sushis. Algas pardas de grande porte como a *Ascophyllum, Fucus* e *Laminaria* eram utilizadas nos séculos XVII a XIX para extração de carbonatos de sódio e potássio e até o século XX para a produção de iodo, amônia e acetona (OLIVEIRA et al., 2009). O uso farmacológico das algas também é bastante antigo, principalmente como fonte de iodo, vitamina C, além de outros minerais abundantes na biomassa algácea.

O desenvolvimento da biotecnologia possibilitou o descobrimento e a exploração comercial de substâncias naturais e de biomateriais produzidos por organismos marinhos, além de possibilitar a obtenção de fontes alternativas de compostos já existentes.

Dada a grande biodiversidade das algas, e consequente variabilidade na composição bioquímica, não é surpreendente que sejam capazes de produzir uma ampla gama de produtos com aplicação na indústria química, alimentícia, farmacêutica e cosmética. Dentre os produtos que podem ser obtidos a partir das algas estão: ácidos graxos poli-insaturados (lipídios), carotenoides e ficobilinas (pigmentos), polissacarídeos (açúcares), vitaminas, proteínas, enzimas, esteróis, micosporinas e diversos compostos bioativos naturais com propriedades: antioxidantes, redutoras do colesterol, fotoprotetoras, antifúngicas, analgésicas, antibióticas e antivirais.

Como exemplo, podemos citar o ácido domóico, produzido por alguns dinoflagelados, diatomáceas e algas vermelhas. Essa substância se acumula nos tecidos dos animais que se alimentam dessas algas e, nos humanos, podem levar a amnésia irreversível em casos mais agudos de contaminação. No Japão, ela foi utilizada como vermífugo e, atualmente, pesquisas sobre sua utilização em portadores de epilepsia estão sendo realizadas em várias partes do mundo. As saxitoxinas são neurotoxinas produzidas por dinoflagelados que tem ação paralisante sobre os humanos, podendo levar à morte por parada respiratória. Algumas delas já são patenteadas para uso como analgésico. Há indícios empíricos que o consumo de algas pardas aumenta a resistência do organismo à infecção pelo HIV e pesquisas nesse sentido têm sido realizadas em várias partes do mundo inclusive no Brasil, com resultados promissores (TEIXEIRA, 2009).

A prospecção de novas biomoléculas isoladas de organismos marinhos constitui uma importante linha de pesquisa. É o caso, por exemplo, da espongouridina e da espongotimidina, substâncias isoladas de esponjas marinhas, cujos derivados sintéticos serviram de modelo para produção do AZT, medicamento básico utilizado no tratamento da AIDS (TEIXEIRA, 2009).

As algas são amplamente exploradas também na indústria alimentícia para a produção de coloides, utilizados como estabilizantes, gelificantes, suspensores, aglutinantes, emulsificantes e clarificantes. Esse mercado movimenta anualmente 1,3 milhão de toneladas de algas frescas e rendimentos de US$ 650 milhões. Os três principais tipos de coloides extraídos das algas são as agaranas (ágar-ágar), as carragenanas e os alginatos. A produção desse material foi, inicialmente, baseada em atividades extrativistas, levando ao declínio das reservas naturais e, consequentemente, ao desenvolvimento de cultivos, que atualmente respondem por 90% da produção de biomassa algácea (OLIVEIRA et al., 2009).

Atualmente, a produção de alimentos funcionais e suplementos nutracêuticos explora o cultivo de espécies de microalgas como as dos gêneros *Chlorella* e *Spirulina*. Os produtos ou biomassa das algas também têm grande aplicação na indústria química, como na produção de materiais de filtração (usando carapaças de diatomáceas) e de bioplásticos.

A biomassa algácea pode ser diretamente utilizada na aquicultura como ração viva ou processada, na produção de rações enriquecidas para a pecuária, produção de fertilizantes para agricultura, ou aditivos para correção de pH de solos, no caso de algas calcárias.

As algas têm sido importantes ferramentas para biorremediação de áreas degradadas e para a diminuição das cargas de nutrientes de esgotos em estações de tratamento de água.

As microalgas têm despontado também como promissora fonte de biomassa para produção de combustíveis renováveis do tipo carbono zero. Pela alta eficiência que apresentam na conversão de energia solar para energia química, e por não demandarem áreas agricultúraveis para seus cultivos, têm vantagens sobre a produção de etanol de cana-de-açúcar, por exemplo. No entanto, ainda não há nenhum país produzindo biodiesel a partir de microalgas, a despeito das pesquisas que vêm sendo desenvolvidas em muitos locais no mundo. Isso porque o processo de produção apresenta muitos gargalos técnicos e econômicos, que, por hora, inviabilizam a produção em grande escala. Porém, essa será, sem dúvida, uma importante fonte futura de produção de energia, com menor impacto sobre a atmosfera, em comparação à queima de combustíveis fósseis.

Estudos com bactérias extremófilas (capazes de sobreviver em condições ambientais extremas) dos gêneros *Psychorophiles, Mesophiles, Termophiles* – que vivem em fontes hidrotermais onde a temperatura pode variar de 2 a 300 °C, além de condições extremas de pH, salinidade, pressão e níveis de radiação – revelaram que esses organismos têm a capacidade de conservar suas propriedades *in vitro* sob a forma nativa ou recombinada em outra bactéria, a *Escherichia coli*. A aplicação de bioativos por eles produzidos é variada: na produção de enzimas, exopolisacarídeos e metabólitos secundários, que são utilizados na produção de detergentes, papel, cremes e rações, movimentando um mercado bilionário (CGEE, 2007).

5.3 Serviços oceânicos

Além das atividades de exploração, explotação e de produção de alimento cultivado, os oceanos prestam importantes serviços econômicos, culturais e sociais para a humanidade. As atividades de lazer, esportes e turismo têm uma grande oferta de opções nos ambientes costeiros e transoceânicos, movimentando um comércio de bens e serviços de trilhões de dólares no mundo todo.

O oceano como meio para transporte de cargas entre os países, num mundo globalizado, é de fundamental importância. Estima-se que 90% do comércio exterior entre as nações sejam feitos por vias marítimas. O Brasil, por exemplo, tem 95% do seu comércio exterior ligado ao transporte por navegação.

Os oceanos, como espaço de comunicação intercontinental por meio dos cabos de fibra óptica submersos, têm uma importância tão grande para a humanidade quanto o uso dos satélites e da tecnologia do sensoriamento remoto. Por meio dos cabos submarinos, ocorre cerca de 70% do tráfego mundial de comunicações (telefone, fax, internet). Além de os custos de transmissão via fibra óptica serem menores, os cabos submarinos são muito mais eficientes do que os sistemas de comunicação por satélite (VALLEGA, 2001).

O espaço oceânico tem sido usado para implantação de usinas eólicas, como as enormes instalações existentes no litoral da Dinamarca. Há também vários projetos de instalações de tanques flutuantes nos oceanos para cultivos de microalgas destinados à produção de biocombustíveis. Construções que avançam sobre territórios marinhos, como alternativa para ampliação da área terrestre são observadas em várias partes do mundo, como no Japão, mas têm atingido seu apogeu nas ilhas artificiais construídas em Dubai.

A água dos oceanos, além de ser meio para a aquicultura e fonte de água potável, como já discutido, também pode ser usada como elemento de refrigeração ou aquecimento de máquinas ou equipamentos em instalações em áreas costeiras. São exemplos seus usos: em usinas nucleares, resfriadores de caldeiras de navios e de indústrias e em processos de regaseificação de gás natural liquefeito transportado por navios, para ser transferido aos gasodutos em terra.

Por seu grande potencial de diluição, pelo volume de água e circulação, os oceanos foram, até pouco tempo, encarados como sumidouros naturais de cargas de resíduos domésticos e industriais trazidas por emissários submarinos. Os diversos casos crônicos de eutrofização costeira, com perda de hábitats, em alguns casos, provaram que isso tem um limite. As características de circulação e avaliação da capacidade suporte do sistema têm que ser bem dimensionadas para que a dispersão e depuração dos resíduos lançados sejam adequadas.

A Tabela 5.2 apresenta uma síntese dos principais serviços oferecidos pelos oceanos, sem elencar ordem de importância aos serviços, de acordo com suas principais divisões espaciais, na qual as águas interiores são entendidas como porções marinhas mais restritas, como estuários e baías. A ampla diversidade de usos e funções a que se prestam os oceanos fornece indícios sobre os vários conflitos que podem ser gerados pelas demandas das diferentes atividades e a complexidade do seu gerenciamento integrado.

As margens continentais, especialmente a porção referente às áreas de plataforma continental, fornecem vários serviços-chave. São áreas que abrigam diversos tipos de ecossistemas, desde áreas úmidas de águas doces e salobras até: florestas de mangue, estuários, marismas, lagunas e lagoas salinas, zonas intermarés lodosas ou rochosas, praias e dunas, sistemas de recifes de corais, campos de gramíneas marinhas, florestas de macroalgas, ilhas costeiras, mares semifechados e águas costeiras próximas. Vários desses sistemas costeiros são altamente produtivos e fornecem parte substancial de recursos vivos ao homem.

Os oceanos e hábitats costeiros não são apenas conectados uns aos outros, eles estão intrinsecamente ligados à terra também. A água doce é o elemento de ligação: rios, córregos e as águas de intersticiais trazem nutrientes e poluentes para os oceanos, que, por sua vez, devolvem parte desses materiais para a terra por meio das marés, atmosfera (aerossóis), além de outras vias de deposição, como carcaças de peixes que fazem piracema ou salinização e poluição de aquíferos por intrusão de água marinha poluída. Portanto, alterações nos ecossistemas, e serviços por eles oferecidos, ocorrem como reflexo das atividades em terra (uso da terra e da água doce) bem como das atividades no mar.

TABELA 5.2 – Principais usos dos oceanos de acordo com suas principais divisões espaciais

Usos dos oceanos no contexto espacial	Margem continental	Oceano profundo	Águas interiores
1. Proteção dos ecossistemas	*	*	*
2. Agricultura e estoques vivos	*		
3. Usos da vegetação natural	*		
4. Exploração dos recursos vivos	*	*	*
5. Produção de energia	*	*	*
6. Exploração dos recursos minerais	*	*	*
7. Indústria	*		*
8. Portos marítimos	*		*
9. Navegação e transporte	*	*	*
10. Navegação aérea	*		*
11. Comunicação	*	*	*
12. Assentamentos e estruturas urbanas	*		*
13. Recreação, turismo e cultura	*		*
14. Pesquisa	*	*	*
15. Defesa	*	*	*

Fonte: Adaptada de Vallega (2001).

Em vários casos, a degradação de ambientes costeiros está relacionada a doenças que afetam a população humana. Episódios de florações de algas tóxicas estão aumentando sua frequência e intensidade, afetando tanto os recursos quanto às populações costeiras. A filtragem de poluentes aquáticos e fornecimento de hábitats para aves, peixes, moluscos, crustáceos, e outros organismos ecológica e comercialmente importantes, são serviços fundamentais oferecidos por ecossistemas costeiros.

De todos os subtipos de ecossistemas costeiros, os estuários e mangues comportam as mais amplas variedades de serviços (Tabela 5.3). Um dos mais importantes é a mistura de nutrientes que vêm dos rios com as águas marinhas, fazendo os estuários um dos mais férteis ambientes. Há mais espécies estuarino-dependentes do que estuarino-residentes e os estuários fornecem uma ampla variedade de hábitats que sustentam floras e faunas diversas. Isso demonstra o alto grau de conectividade que os estuários têm com outros ecossistemas oceânicos (AGARDY; ALDER, 2005). Organismos que têm amplas distribuições ou que realizam amplos deslocamentos verticais ou horizontais (migrações sazonais) são elementos de conexão entre os ecossistemas. Isso denota a necessidade de enfoques holísticos no gerenciamento de sistemas costeiros e marinhos. Os recifes de corais também são exemplos de ecossistemas com alto grau de conectividade com outros ecossistemas marinhos.

Com base no apresentado, fica evidente a grande importância dos oceanos como fonte de recursos bióticos e abióticos e serviços de naturezas variadas, com aplicações ainda mais diversificadas. Com o desenvolvimento tecnológico, a expectativa é que essa imensa fonte de riqueza seja cada vez mais utilizada pelo homem. Contudo, a tecnologia precisa também fornecer subsídios para uma exploração mais cuidadosa, consciente e responsável, com base em estudos integrados que avaliem a capacidade suporte dos ecossistemas, sua resiliência e seu grau de conectividade com os sistemas adjacentes, requisitos fundamentais para práticas que tenham por filosofia a sustentabilidade.

TABELA 5.3 – Sumário dos serviços ecossistêmicos e suas relativas magnitudes fornecidos por diferentes subtipos de sistemas costeiros. O número de sinais representa maior magnitude relativa.

Serviços diretos e indiretos	Estuários e marismas	Mangues	Lagunas e lagos salgados	Região inter-marés	Campos de macro-algas	Costões rochosos	Campos de gramí-neas	Recifes de coral
Alimentação	++	++	+	++	+	++	+	+
Fibra, madeira, combustível	++	+++	++					
Medicamentos	+	+	+		++			+
Biodiversidade	++	++	++	+++	++	+++	++	+++
Regulação biológica	++	+++	++	+		+		++
Retenção e estoque de água doce	+		+					
Processos bioquímicos	+	+			+			+
Ciclo de nutrientes e fertilidade	++	++	++	+	+	+		++
Hidrológicos	+		+					
Regulação atmosférica e do clima	++	++	++	++		+	+	++
Controle de doenças humanas	++	++	++	++		+	+	+
Processamento de resíduos	+++	+++	++			+	++	+
Proteção contra enchentes e tempestades	++	++	+	+	+	++	++	+++
Controle de erosão	++	+++	+				+	+
Culturais e amenidades	+++	+	++	+++	+	++	++	+++
Recreação	+++	+	+	+++	+			+++
Estético	++	+	++	++				+++

Fonte: adaptada de Agardy e Alder (2005).

Referências bibliográficas

AGARDY, T.; ALDER, J. Coastal Systems. In: Ecosystems and human well-being. Current state and trends: findings of the condition and trends working group. Hassan, R.; Sholes, R.; Ash, N. (Eds.). *The Millenium Ecosystem Assessment Series*, v. 1. Washington: Island Press, 2005, p. 515-543.

CGEE (Centro de Gestão e Estudos Estratégicos). *Mar e ambientes costeiros*. Brasília: CGEE/MCT, 2007.

DIAS, J. F.; KATSURAGAWA, M. Mortandade desnecessária. *Scientific American Brasil*, Oceanos, n. 2, p. 56-61, 2009.

FAO (FOOD AND AGRICULTURE ORGANIZATION OF THE UNITED NATIONS) *The state of world fisheries and aquaculture 2008*. Roma: Fisheries and Aquaculture Dept. FAO, 2009.

FAO (FOOD AND AGRICULTURE ORGANIZATION OF THE UNITED NATIONS). 1995. *Código de conduta para uma pesca responsável*. Conferência FAO, 28. Disponível em: <http://www.fao.org./fishery/ccrf/2/en>. Acesso em: 26 set. 2010.

GBO-3. Global Biodiversity Outlook-3. Montréal: Secretariat of the Convention on Biological Diversity. 94 p. 2010. Disponível em: <http://gbo3.cbd.int>. Acesso em: 15 set. 2010.

HAIMOVICI, M. Muito mar, nem tanto peixe. *Scientific American Brasil*, Oceanos, n. 2, p. 20-27, 2009.

LACERDA, L. D. 2010. *A zona costeira*: o domínio das interações. Projeto Instituto do Milênio-Estuários. Disponível em: <http://www.institutomilenioestuarios.com.br/zonacosteira.html>. Acesso em: 15 set. 2010.

MARRA, J. When will we tame the oceans? *Nature*, n. 436, p. 175-176, 2005.

MELLO, S. L. M.; PALMA, J. J. C. Geologia e Geofísica na exploração de recursos minerais marinhos. *Brazilian Journal of Geophysics*, v. 18, n. 3, p. 237-238, 2000.

OLIVEIRA, E. C.; SILVA, B. N. T. da; AMANCIO, C. E. Das origens ao futuro. *Scientific American Brasil*, Oceanos, n. 2, p. 70-77, 2009.

PEREZ, J. A. A. O frágil equilíbrio das profundezas. *Scientific American Brasil*, Oceanos, n. 2, p. 50-55, 2009.

SOUZA, K. G.; MARTINS, L. R. Recursos minerais marinhos: pesquisa, lavra e beneficiamento. *Gravel*, v. 6, n. 1, p. 99-124, 2008.

TEIXEIRA, V. L. A cura que vem do mar. Oceanos. Scientific American Brasil, v. 4, p. 78-82, 2009.

VALLEGA, A. *Sustainable ocean governance*: a geographical perspective. New York: Routledge, 2001.

6 Ameaças aos serviços ecossistêmicos

Apesar de até recentemente os serviços ecossistêmicos nunca haverem sido considerados pelo homem, atualmente, diante dos inúmeros danos ao meio ambiente e dos prejuízos econômicos decorrentes da incapacidade da natureza para voltar a fornecer esses serviços, passaram a ser considerados como tal e têm sido submetidos a processo de valoração (van DEN BELT et al., 2007).

A quantificação dos danos ambientais em termos monetários tem um papel primordial, pois permite que esses danos sejam integrados nas análises financeiras, apontando os impactos na economia e negócios globais, regionais ou locais, ainda mais lembrando as palavras de Herman Daly, do Banco Mundial e especialista em economia ecológica: "Não existe qualquer ponto de contato entre a macroeconomia e o meio ambiente". A quantificação também é importante na avaliação dos danos para a determinação de instrumentos jurídicos de ressarcimento e eventual reparo dos danos pelo poluidor. A valoração dos serviços ecossistêmicos é essencial para subsidiar a estruturação institucional de planos de gestão costeira e oceânica.

Quando a poluição marinha provoca danos significativos à pesca e a outros usos produtivos do oceano, como turismo e laser, que já apresentam valor de mercado, esse procedimento de valoração é simplificado. Entretanto, quando, além desses usos e recursos, é preciso avaliar e valorar os serviços ambientais realizados pelo oceano e por regiões costeiras, a identificação e quantificação desses serviços são mais complexas (GIANESELLA, 2009).

Estimativas do valor econômico de 17 serviços de ecossistemas realizados por 16 biomas foram realizadas por Costanza et al. (1997), com base em estudos publicados e alguns cálculos originais, e apresentam resultados respeitáveis: para toda a biosfera, o valor (a maior parte dos serviços fora de mercado) é estimado como na faixa entre US$ 16-54 trilhões (10^{12}) por ano, com uma média de US$ 33 trilhões por ano. Em virtude das incertezas, esse valor pode ser considerado como uma estimativa conservadora. O produto bruto global é de cerca de US$ 18 trilhões por ano. Esses serviços são críticos para o funcionamento do sistema de suporte à vida da Terra. Contribuem para a qualidade da vida humana, tanto direta como indiretamente e, portanto, representam parte do valor econômico total do planeta.

Um estudo encomendado pela **United Nations Environment Programme Finance Initiative (UNEPFI)**, e divulgado pela ONU recentemente (UNEPFI, 2010) aponta que os **danos ambientais** causados pela atividade humana em 2008 chegam a valores tão altos quanto US$ 6,6 trilhões (R$ 12 trilhões), o equivalente a 11% do PIB global, com uma projeção de que este valor suba para US$ 28 trilhões até 2050, cerca de 18% do PIB global. Segundo o estudo, os setores mais prejudiciais ao ambiente foram os de produção de **petróleo** e **gás**, de **metais industriais** e de **mineração**, responsáveis por quase um trilhão de dólares em danos ambientais. Dos sete grandes tipos de impactos ambientais analisados no relatório, o impacto de emissões de **gases de efeito estufa** (GEE) destacou-se com grande distância dos demais. As emissões de GEE contabilizaram cerca de 70% de todos os impactos, com um custo anual de US$ 4,5 trilhões. Os outros danos ambientais apontados no relatório foram a captação de água, poluição, resíduos em geral, atividades de pesca predatória, extração de recursos naturais florestais (principalmente os madeireiros), e outros serviços que dependem dos ecossistemas. O relatório também aponta que os custos dos danos ambientais são geralmente maiores que o custo de prevenir ou limitar a poluição e o esgotamento de recursos. Diversos desses danos estão intimamente vinculados ao oceano, e essa questão tem atraído a atenção há mais de uma década.

No contexto da preparação para a reunião da IWCO em Lisboa, em 1998, e em seguimento a ela, diversos especialistas trabalharam em tópicos específicos voltados às demandas daquela reunião. Assim, um quadro baseado nos valores dos serviços ambientais oceânicos foi obtido (COSTANZA et al., 1997) e também foram levantadas as principais ameaças a esses serviços (ANTUNES; SANTOS, 1999). As principais ameaças identificadas foram a sobrepesca, as contaminações geradas em terra, os lançamentos e derrames no oceano, a destruição de ecossistemas costeiros e as mudanças climáticas.

Costanza et al. (1999) apresentam uma tabela em que confrontam as principais ameaças identificadas por Antunes e Santos (1999) contra as seis principais categorias de serviços marinhos ecossistêmicos identificados por Costanza et al. (1997), tais sejam: 1) regulação climática e de gases atmosféricos; 2) regulação de perturbações, controle de erosões; 3) ciclagem de nutrientes, tratamento de efluentes; 4) controle biológico: hábitat, recursos genéticos; 5) alimento: produção de matéria-prima; e 6) recreação, cultura, e identificam os efeitos diretos. A estas categorias Antunes e Santos (1999) adicionam uma sétima categoria de valor dos oceanos não considerada como "serviço ecossistêmico": o papel dos oceanos no transporte e segurança.

A partir dessa tabela, Costanza et al. (1999) apontam os efeitos diretos dos impactos antrópicos sobre os bens e serviços ecossistêmicos e passam a analisar de que maneira as ameaças violam os seis princípios de Lisboa. Essa avaliação, realizada há mais de dez anos, é sumarizada nas seções a seguir, item a item, e, em seguida a cada tópico, é feita uma ponderação a respeito dos encaminhamentos a partir de então.

TABELA 6.1 – Efeitos diretos de problemas identificados por Antunes e Santos (1999) sobre bens e serviços oceânicos.

Serviços de ecossistemas marinhos e costeiros úmidos[a]	Valor anual estimado do serviço (US$ bilhões/ ano)[b]	Problemas				
		Sobrepesca	Contaminação de origem terrestre	Derrames e disposição oceânica de óleo	Destruição de ecossistemas costeiros	Mudanças climáticas
Controle e regulação de gases e clima	1.272		Entrada de nutrientes afeta sumidouro de C	Afeta a produtividade e absorção de C		Afeta o conteúdo de calor, padrão de correntes
Regulação de perturbações/ controle de erosão	575		Perda de recifes de coral		Mudanças em recifes de coral, áreas úmidas, linhas de costa	Perda de recifes de coral
Ciclagem de nutrientes/ tratamento de efluentes	16.432	Afeta o controle *top-down* da ciclagem de nutrientes	Sobrecarga da capacidade de assimilação		Perda de áreas úmidas afeta a ciclagem de nutrientes e tratamento de efluentes	Mudanças na drenagem e liberação de nutrientes e resíduos
Controle biológico/ habitat/recursos genéticos	335	Afeta cadeias tróficas, estrutura, diversidade e resiliência	Degrada hábitats, reduz diversidade	Mortalidade e alteração de hábitats	Reduz capacidade suporte de hábitats, biodiversidade	Mudanças de temperatura, nível do mar, correntes, tempestades, drenagem
Alimento/ produção de matérias-primas	902	Estoques reduzidos	Reduz pesca e impõe riscos à saúde		Perda de hábitats críticos e alteração de cadeias tróficas	Afeta a produtividade
Cultura e recreação	3.077	Perda de recursos recreacionais; cultura tradicional	Riscos à saúde pública	Contamina praias, reduz valores estéticos	Reduz recursos, valor recreacional, senso de lugar	Deslocamento de populações costeiras
Transporte, segurança					Exposição e siltação de portos, perda de acesso à navegação	Afeta frequência e severidade de tempestades, nível do mar

[a] Os sistemas marinhos e costeiros úmidos incluem oceano aberto, estuários, bancos de algas e gramas marinhas, recifes de coral, plataformas continentais e manguezais/marismas (de Costanza et al., 1997). A área total é de 36,5 bilhões há (cerca de 71% da superfície terrestre global). Os serviços são agregações dos 17 serviços identificados por Costanza et al. (1997) nos seis primeiros grupos, com a adição dos serviços de transporte/segurança.

[b] De Costanza et al. (1997). Estas estimativas representam valores mínimos. Transporte e segurança não foram avaliados.

Fonte: Antunes e Santos, 1999.

6.1 Sobrepesca

Dos 200 estoques de peixes mais importantes, os autores apontam que 77% eram responsáveis pelos desembarques e 35% classificados como sobrepescados. O grau de sobrepesca varia conforme a área geográfica e estoque de peixe, mas a tendência geral demonstrava sobrepesca nos demersais, altamente migratórios, e com estoques deteriorados. Constatava-se então, que a sobrepesca estava diminuindo a produção de peixe como alimento, limitando a produtividade econômica e restringindo o uso da pesca tanto como forma de subsistência como recreacional, reduzindo a diversidade genética e a resiliência ecológica.

A sobrepesca tem múltiplas causas, que variam conforme o tipo de pescado, mas foi possível identificar diversos tipos de violação dos princípios de Lisboa:

1. **Princípio da Responsabilidade**: estava sendo frequentemente violado pelo fato da pesca ser tratada, usualmente, como um direito, sem atender responsabilidades.
2. **Princípio do Ajuste de Escalas**: a pesca é comumente feita em escalas que não incorporam todas as fontes de informação ecológica, falhando em considerar custos e benefícios. Por exemplo, para estabelecer a CTP (captura total permitida), é comum serem desconsideradas variações sazonais na área e ignorados custos impostos em outras partes do ecossistema.
3. **Princípio da Precaução**: pressões no manejo da pesca estavam levando a decisões mais para o lado do risco do que da cautela. Por exemplo, verificou-se que eram comuns tomadores de decisões de CTP definirem limites considerando números mais elevados em detrimento de números mais baixos, como reflexo de sobre capitalização da indústria.
4. **Princípio do Manejo Adaptativo**: o manejo da pesca tende a se basear em número limitado de dados, com poucos mecanismos de monitoramento, apesar destes ainda serem mais disponíveis que dados sociais ou ecológicos. Havia uma tendência ao impedimento de abordagens experimentais e de aprendizado para não perturbar o manejo em andamento.
5. **Princípio de Alocação dos Custos**: custos e benefícios da pesca eram usualmente subidentificados. Por exemplo, tomadores de

decisão em geral não levavam em conta em suas análises os levantamentos dos efeitos da regulação.

6. **Princípio da Participação Coletiva**: o nível e qualidade da participação dos atores no manejo pesqueiro varia amplamente, assim como a definição dos atores. A participação variava de consulta passiva a decisões compartilhadas com autoridades. A definição de atores geralmente incluia grupos de usuários-alvo, mas frequentemente excluía representantes de interesses ambientais, usuários alternativos ou o grande público. No geral, a pesca que sofre sobrepesca não engajava todos os atores, apesar de os autores enfatizam que a simples participação não pode ser considerada como a "panaceia" da sobrepesca.

Após mais de dez anos dessas avaliações, pode-se afirmar que o quadro montado pelos autores tem sofrido, na prática, uma evolução desigual entre os diferentes setores, mas que os princípios de Lisboa continuam sendo violados, em maior ou menor grau, em todos os setores analisados.

Em relação à sobrepesca, pode-se afirmar que muitos desafios ainda estão em aberto em relação à aplicação dos princípios de Lisboa. Os estoques de peixe continuam sendo rapidamente reduzidos em virtude da sobrepesca, de práticas inadequadas e degradação ambiental. A pesca atualmente fornece, ao menos, 20% da proteína animal necessária para mais de 2,5 bilhões de pessoas. Algumas iniciativas estão sendo tomadas, entretanto, como a que ocorreu na reunião da FAO, em 2006, em Roma (FAO, 2006) para tentar estabelecer um sistema de comunicação eletrônica para alerta à sobrepesca. Nessa reunião, estabeleceu-se um projeto de quatro anos, por meio do qual pretende-se testar uma nova abordagem de compilação, compartilhamento e disseminação de informação eletrônica, para o qual estão sendo investidos 680 mil euros da União Europeia. Pretende-se que o sistema permita seguir a pesca e o nível dos estoques ao redor do mundo obtendo-se informações em tempo real a partir de uma grande variedade de fontes, colocando em operação, dessa forma, a "Estratégia para Melhoria do Estado e Tendências da Captura Pesqueira", adotada pelo Conselho da FAO em 2003.

Em 2004, sob recomendação da UN Informal Consultative Process on the Oceans and the Law of the Sea (Unicpolos) a Assembleia Geral da ONU estabeleceu um grupo de especialistas em legislação para estudar a questão da conservação e biodiversidade das áreas sob jurisdição nacional. O grupo realizou dois encontros, em 2007 e 2008. Em outubro de 2007, a International Union for Conservation of Nature (IUCN) formou novo grupo voltado à governança (High Seas Governance in the 21st Century) que se reuniu em outubro para discutir as questões da legislação de mar aberto.

Outra iniciativa alentadora foi a adotada por países membros da FAO em relação às diretrizes internacionais para a limitação do impacto da pesca sobre os frágeis habitas e espécies de fundo (FAO, 2008). Essas diretrizes tratam da pesca das nações quando estão operando em alto-mar, fora das jurisdições nacionais – onde ocorre a pesca de mar profundo, conhecida pela sigla DSF (Deep Sea Fishery) – e estabelecem que essas atividades devem ser "rigorosamente manejadas", além de apontar medidas que devem ser tomadas para identificar e proteger ecossistemas vulneráveis, fornecendo indicações para o uso sustentável dos recursos de mar profundo. As recomendações adicionais ainda determinam que os países devam avaliar a pesca de mar profundo que está sendo realizada sob suas bandeiras, a fim de determinar se está ocorrendo algum impacto significativo. As atividades devem cessar nos locais onde impactos foram identificados; nos locais onde a DSF pode ser efetuada com responsabilidade, devem ser utilizados métodos mais apropriados de captura para reduzir os impactos na fauna acompanhante. Além disso, informações sobre a pesca devem ser disponibilizadas.

O manejo da pesca em alto-mar sempre foi um tópico difícil, posto que requer soluções multilaterais envolvendo não apenas os países cujos barcos estão engajados na pesca, mas também outros países interessados. Até então, não havia normatização para o assunto. Nesse sentido, a adoção dessas linhas de ação representa um dos poucos instrumentos existentes, e também uma ruptura, no sentido de que elas enfocam tanto as preocupações da pesca como ambientais de modo integrado.

De acordo com FAO (2008) muitos peixes de mar profundo apresentam crescimento lento e atingem a maturidade sexual tardiamente. Em consequência, apresentam baixa resiliência à pesca intensiva. A pesca em alto mar também traz preocupações relacionadas a outras espécies vulneráveis, tais como corais de águas frias e esponjas, hábitats das chaminés submarinas que contém espécies ainda desconhecidas e aspectos como dos montes submarinos que apresentam espécies sensíveis. Como a pesca em mar profundo é uma atividade relativamente nova e exige recursos consideráveis em termos de investimentos e tecnologia, poucos países já tinham políticas e projetos específicos para o manejo dessa pesca, mesmo em suas próprias águas.

Com relação à pesca da baleia, a International Whaling Commission (IWC) realizou reunião em julho de 2010 para tentar definir uma posição frente à continuidade da pesca por países baleeiros, como Islândia, Japão e Noruega. A ideia inicial seria colocar os países baleeiros sob supervisão por dez anos, mas a proposta final legitimaria a pesca científica nos oceanos do Sul (pelo Japão) sem reduzir significativamente os números pescados, o que não foi aceito, levando a reunião a um impasse e à simples postergação de qualquer acordo por um ano.

Apesar dessas iniciativas citadas como exemplo, os efeitos sobre a sobrepesca certamente ainda não se fizeram sentir, mesmo porque são bastante recentes e a recuperação de estoques demanda tempo. Os impactos sobre o ambiente marinho também influem sobre a pesca. O controle *bottom-up* sobre o potencial pesqueiro, verificado por meio de imagens de cor do oceano (SeaWiFs) está relacionado com as capturas globais em nível dos grandes ecossistemas marinhos (WARE et al., 2005; BRANDER, 2007; CHASSOT et al., 2010) e também está se revelando bastante significativo sob condições de redução da produção primária (CHASSOT et al., op. cit; BOYCE et al., 2010). De fato, a captura global de pesca desde 1950 tem sido continuamente limitada pela redução na produção primária fitoplanctônica. A produção primária apropriada pela pesca global corrente é de 17-122% mais alta do que aquela que seria apropriada pela pesca sustentável. A produção primária está declinando, em parte em função da variabilidade e mudança climática, com consequências sobre as capturas pesqueiras em futuro imediato.

Em relação aos princípios de Lisboa, percebe-se certo encaminhamento no sentido dos princípios da responsabilidade, do ajuste de escalas, da precaução e do manejo adaptativo. Entretanto, em relação aos impactos globais que atuam sobre a pesca, os princípios da responsabilidade, da precaução e do ajuste de escala não estão sendo respeitados. O princípio de alocação de recursos e, principalmente, o princípio da participação ainda precisam ser buscados com maior ênfase, no contexto do setor pesqueiro, pois, nos dizeres de Tiago (2010),

> Populações que possuem práticas haliêuticas não nos parecem percebidas por populações que não participem do mesmo referencial mítico e simbólico, sendo, portanto, obrigadas a abandonar os elementos de suas raízes culturais, ao menos no plano das práticas sociolaborais e perante a realidade legalizada.

6.2 Contaminação da água

A contaminação da água atravessa um vasto espectro de agressões, desde pequena escala (por exemplo, restos de solventes despejados pelo ralo) até escalas cada vez mais largas (por exemplo, descargas de efluentes municipais e industriais, ou escoamento de nutrientes decorrentes de práticas da agricultura e de desmatamentos). Ademais, os efeitos são cumulativos e conservativos, em casos como de contaminações químicas, ou não conservativos e dispersivos, em casos como da introdução não intencional de espécies exóticas por meio de água de lastro. A contaminação poderá impactar, direta ou indiretamente, a ecologia, a sociedade e a economia das áreas afetadas.

Costanza et al. (1999) verificaram que à época, os problemas associados com a contaminação violavam, em diversos níveis, cada um dos seis princípios de Lisboa, conforme indicado a seguir:

1. **Princípio da Responsabilidade**: os emissores deveriam se atentar para avaliar os impactos de suas atitudes em setores vizinhos à sua jurisdição. O respeito ao princípio da responsabilidade se dava mais em razão de suas medidas punitivas do que em razão de seus benefícios e incentivos.
2. **Princípio do Ajuste de Escalas**: ações desenvolvidas em escala local (como uso de fertilizantes) afetam ecossistemas em outras escalas (estado, país etc.). Além disso, impactos cumulativos que se traduzem além das escalas espaciais e temporais, são raramente reconhecidos por instituições de manejo.
3. **Princípio da Precaução**: havia, normalmente, a presunção de inocência da parte emissora, em função da origem incerta da maior parte das contaminações, violando, assim, o princípio da precaução.

4. **Princípio do Manejo Adaptativo**: o sistema em vigor não reconhecia o meio ambiente como um sistema dinâmico, com necessidades de atualização de informações, por exemplo, já que os regulamentos são impostos e o sistema responde.
5. **Princípio de Alocação dos Custos**: o ato de contaminação sem a internalização dos custos pelo emissor externaliza os custos. O ganho a curto prazo para o emissor converte-se em perda coletiva.
6. **Princípio da Participação Coletiva**: falta de confiança e cooperação entre grupos de interesses conduziam à falta de participação, muitas vezes reforçada por comunicação inadequada, falta de reconhecimento de atores importantes (atuais ou potenciais) em casos de contaminação, ou simplesmente por conflitos pessoais ou sociais.

Dentre todos os setores avaliados por esses autores, a qualidade das águas foi um dos que mais sofreu degradação nos últimos dez anos e provavelmente continuará a sofrer nos próximos anos. De fato, como verificado por Diaz e Rosemberg (2008), a contaminação dos oceanos já atingiu, em maior ou menor grau, todos os oceanos do globo. Dois aspectos se ressaltam: a contaminação por meio das atividades em terra e a questão da acidificação dos oceanos. Essa última será tratada no capítulo de mudanças climáticas, pois decorre do excesso de emissões de gás carbônico para a atmosfera e da capacidade limite de tamponamento dos oceanos.

Atualmente, cerca de 80% da carga de poluição nas águas costeiras e no mar aberto se origina de atividades em terra (UNEP, 2010), incluindo drenagem continental e efluentes de agricultura, domésticos, industriais, bem como deposições atmosféricas de poluentes provenientes de geração de energia¸ indústria pesada, automóveis etc. Gianesella (2009), enfatiza também a introdução de contaminantes por meio dos lençóis freáticos contaminados em contato com as zonas costeiras, e a introdução aguda por acidentes e guerras. Portanto, em grande parte, enfrentar o desafio de melhorar a qualidade das águas no oceano implica controlar os efluentes das bacias hidrográficas. O número de rios que não são monitorados em relação às suas cargas de poluentes ainda é muito grande, em termos mundiais.

Em 2002, um grupo internacional de especialistas foi criado (Global NEWS – Nutriente Export from Water Sheds)[1] sob os auspícios da IOC/Unesco, objetivando estudar as relações entre as atividades humanas e o enriquecimento costeiro por nutrientes. O grupo desenvolveu um modelo espacial global relacionando as atividades antrópicas e processos naturais nas bacias às entradas no ambiente costeiro, que está sendo utilizado para fornecer previsões sob diferentes cenários (SEITZINGER; MAYORGA, 2008).

O modelo aponta para certa agregação espacial, com regiões tropicais e temperadas sendo as mais importantes em relação às exportações de nutrientes, isto é, 70-75% do N, P e C totais são exportados entre 30 °N e 30 °S. Essas regiões também dominam o fluxo de particulados em função da alta drenagem e montanhas tectonicamente ativas próximas de cabeceiras de grandes rios (Amazonas, Mekong, Ganges-Brahmaputra) e pequenos rios de montanha. Os primeiros descarregam em plataformas largas e passivas, enquanto os segundos em plataformas estreitas e ativas, com consequências para o sequestro dos particulados exportados. Entretanto, o modelo ainda não consegue prever a biodisponibilidade das formas de N e P, que são determinantes no aproveitamento pelo fitoplâncton. Apesar disso, o modelo conseguiu relacionar florações de uma espécie tóxica de dinoflagelado que produz florações (*Prorocentrum minimum*) com a exportação antropogênica de nitrogênio e também está sendo usado para a construção de cenários futuros a fim de desenvolver bases científicas para ações de reversão de tendências, mantendo saudáveis estuários e regiões costeiras. Projeções para o ano 2050 numa condição de negócios, como sempre, indicaram que entre 1990 e 2050 a exportação de nitrogênio dissolvido deverá dobrar e que 90% da exportação terá origem antrópica.

A convenção das Nações Unidas sobre a Lei do Mar obriga os governos a tomar medidas para prevenir, reduzir e controlar a poluição do ambiente marinho proveniente de fontes terrestres. Já em 1995, 108 países e a Comissão Europeia declararam seus compromissos com essa lei e com a Declaração de Washington, adotando o Programa Global de Ação para a Proteção do Ambiente Marinho contra Atividades de Origem Terrestre, conhecido como GPA. A primeira Revisão Intergo-

---

[1] Mais informações no site da Global NEWS. Disponível em: <http:/www.marine.rutgers.edu/globalnews>. Acesso em: 3 ago. 2010.

vernamental adotou a Declaração de Montreal, em 2001, e teve um caráter mais instrumental, redirecionando o foco do planejamento para a ação e desenvolvendo o GPA como uma ferramenta para abordagens ecossistêmicas (UNEP, 2006). A segunda Revisão Intergovernamental adotou a Declaração de Beijing, em 2006, e reforçou o movimento do planejamento à ação levando as atividades do programa aos níveis nacionais e regionais. A terceira etapa, que está se desenvolvendo entre 2007 e 2011, deverá ter o papel crucial de promover o GPA em todos os níveis e fortalecer o programa de Mares Regionais e outros mecanismos regionais para facilitar sua operacionalização, além de orientar mecanismos nacionais de planejamento e financiamento para o GPA.

Apesar das ações propostas no GPA preverem alvos relacionados a todos os princípios de Lisboa, sua operacionalização ainda é incipiente. Em decorrência, os efeitos negativos da contaminação das águas oceânicas encontram-se bastante evidentes e avançados, tornando urgentes as ações previstas. Será necessário que, em todos os princípios, as ações efetivamente se consolidem para que se perceba alguma reversão no quadro de impactos da qualidade das águas oceânicas.

6.3 Derramamento de óleo

Costanza et al. (1999) lembram que derramamentos de óleo podem ocorrer em eventos raros e dramáticos, como no caso Exxon Valdez, com efeitos agudos e de longa duração, mas que eventos menores ocorrem com frequência muito maior, como resultado da liberação de água de lastro por petroleiros. Muito embora os autores reconheçam que o óleo como fonte de energia não renovável também pode ser discutido à luz da violação dos Princípios de Lisboa, focam nesse estudo apenas a questão do derramamento de óleo no ambiente marinho. Assim, em relação ao derramamento de óleo, verificaram que violações ocorrem nos princípios:

1. **Princípio da Responsabilidade**: o transporte oceânico deveria prever a responsabilidade de minimizar os impactos do transporte e transferência de óleo.
2. **Princípio do Ajuste de Escalas**: o poder de decisão encontrava-se praticamente concentrado, outros atores deveriam ser levados em consideração. Ademais, potenciais vítimas de derramamento

de óleo (comunidades costeiras) deveriam receber treinamentos específicos para prevenção de danos, e esse envolvimento deveria alcançar escalas institucionais.

3. **Princípio da Precaução**: este princípio estava sendo claramente violado, pois o derramamento de óleo representa situação em que não foram tomadas as devidas precauções. Os autores sugerem medidas corretivas, como o uso de embarcações com casco duplo, para reduzir os impactos diante das incertezas.
4. **Princípio do Manejo Adaptativo**: muito embora muitos petroleiros tenham segregado as águas de lastro, derramamentos de óleo resultantes de descargas de água de lastro ainda estavam ocorrendo. Sob este princípio, uma estratégia foi proposta pelos autores para minimizar estes efeitos: vinculação às moratórias de peixes para aumentar o sucesso reprodutivo de espécies severamente afetadas tanto pelos derrames de óleo como pela sobrepesca.
5. **Princípio da Alocação Plena de Custos**: no caso dos derrames de óleo os autores avaliaram que os custos dos danos ambientais não estavam sendo imputados aos causadores dos derrames, numa clara violação a este princípio, principalmente em função da dificuldade de quantificação dos reais prejuízos, ou porque os danos ambientais não podem ser colocados em termos monetários, ou porque os danos podem ser transferidos para o futuro (por exemplo, a perda de hábitats críticos para estágios sensíveis dos ciclos de vida dos organismos, que pode não ser evidente à época do derrame porque ocorre em época distinta).
6. **Princípio da Participação Coletiva**: as decisões a respeito do transporte de óleo em geral não consideravam a participação de outros atores costeiros (por exemplo, pesca e turismo) violando esse princípio.

Com relação aos derramamentos de óleo, os proponentes dos princípios de Lisboa mencionam os casos de vazamentos crônicos, que geralmente recebem certa atenção em relação ao controle por parte dos órgãos ambientais dos países. Com relação aos casos agudos, mencionam apenas os derrames provocados por acidentes no transporte, que eram os que, até aquela data, mais impactavam o ambiente marinho. Com o avanço da tecnologia da exploração de óleo em mar profundo, entretanto, um nível de impacto inesperado e ainda difícil de estimar em termos de risco e consequências, ameaça os oceanos.

O acidente ocorrido no Golfo do México em 2010, com a plataforma Deepwater Horizon da companhia British Petroleum (BP), atingiu proporções jamais vistas até então, e as consequências ecológicas em longo prazo desse acidente ainda estão por ser determinadas. Alguns impactos simultâneos ao acidente, entretanto, foram quantificados (CAMILLI et al., 2010) e são efetivamente chocantes.

Cerca de 5 milhões de barris de petróleo vazaram e o estado da arte da indústria de petróleo não tinha procedimentos para estancar um vazamento a 1.500 m de profundidade. As dificuldades econômicas enfrentadas pela BP com efeitos na economia global foram sérias, como consequência do montante dos recursos financeiros necessários para conter o vazamento, enfrentar as ações de reparo de danos causados às populações das costas atingidas, principalmente nas atividades econômicas de pesca e turismo, e enfrentar o aumento dos prêmios de seguros para exploração *off-shore*.

Em função desse acidente e também da inquietação dos investidores no setor, as companhias petrolíferas que atuam nos Estados Unidos se reuniram com o objetivo de estudar a criação de um fundo para cobrir tais situações de emergência no futuro, pois ficou evidente que a própria existência da companhia poderia ser colocada em jogo. Isto porque, naquele país, a cobrança pela responsabilidade do empreendedor é forte.

A dificuldade no controle do vazamento resultou num tempo elevado de exposição do assunto na mídia e fez com que viessem à tona situações crônicas similares, apesar de menos evidentes, em países onde a legislação ambiental é fraca. Foram divulgados relatos de vazamentos continuados por 50 anos na região do delta do Níger, na Nigéria (NOSSITER, 2010), cuja população se espantou com a repercussão que o vazamento no Golfo do México teve na imprensa. Isso porque o comportamento do governo americano fez um contraponto à condição histórica de inação no país a respeito dos vazamentos provocados pela Royal Dutch Shell e Exxon Mobil que já atingiram dois milhões de litros, ou cerca de 41 milhões ao ano, em média. A notícia de que essa situação não era única, apesar de ser a maior, mostra a necessidade de controle sobre as empresas que exploram óleo e gás nos oceanos e da cobrança por investimentos em tecnologia de contenção de vazamentos em mar profundo.

A Comissão Europeia, braço executivo da União Européia, irá propor a suspensão de novas explorações de petróleo em águas profundas até que o resultado da investigação das causas do acidente da BP no Golfo do México sejam esclarecidas e que um regime de segurança em exploração *off shore* seja revisto (CHADE, 2010). Para a Comissão Europeia, a concessão de licenças de exploração de reservas em alto mar deve ser acompanhada por regras mais claras em relação à responsabilização referente a cada etapa da operação, posto que, no caso do Golfo do México, esse foi exatamente um dos obstáculos enfrentados pelo governo dos Estados Unidos. Entretanto, ainda não se sabe se a proposta será aprovada no Parlamento Europeu, uma vez que existe resistência por parte dos deputados de diversos países. No caso da União Europeia, além de resistências de caráter ideológico, existe claramente a questão da estratégia energética para atender às necessidades do continente. Mesmo num país como o Brasil, em que a legislação ambiental de modo geral prevê uma cobrança razoável de responsabilidades por parte do empreendedor, o início da exploração de petróleo em mar profundo está sendo planejado sem que seja considerado um fundo para cobrir tais riscos, sem que sejam debatidas as regras sobre responsabilidades em caso de acidentes e sem uma demonstração clara de investimentos no setor de tecnologia para prevenção de vazamentos, planos de contingência e normas de governança corporativas para acidentes *off-shore*.

Outro aspecto surpreendente é o relatado por Gore (2008), que menciona que os gastos para controlar esse tipo de acidentes são, em geral, contabilizados como entrada positiva, como foi o caso dos esforços para remover o petróleo derramado no acidente com o Exxon Valdez, que chegaram a contribuir para a elevação do PIB norte-americano, por meio de um engenhoso e absurdo processo de contabilidade. Diante dessa situação, pode-se dizer que os princípios de Lisboa ainda estão, todos, distantes de serem alcançados de forma global, tanto em relação aos derrames e vazamentos crônicos de óleo como agudos.

6.4 Degradação de ecossistemas costeiros

A degradação dos ecossistemas costeiros resulta da violação de vários dos Princípios de Lisboa. Em geral, o desequilíbrio se manifesta em estágios tardios do abuso do ecossistema, posto que os impactos que afetam as funções dos grandes ecossistemas costeiros se acumulam e atuam como forçantes de estresse de longo prazo. Frequentemente, esse é o caso em que as populações de organismos aquáticos respondem mais rápida e diretamente às perturbações antropogênicas (SCHINDLER, 1998), de tal forma que os desequilíbrios funcionais do ecossistema podem indicar uma longa história de perturbações crônicas difíceis de reverter. Costanza et al. (1999) avaliam a violação dos princípios em relação à degradação dos ecossistemas costeiros considerando:

1. **Princípio da Responsabilidade**: este princípio é violado quando se admite que as partes provoquem danos aos ecossistemas costeiros sem mitigação ou compensação, o que ocorre facilmente quando se trata de atividades dispersas onde muitos indivíduos estão envolvidos.

2. **Princípio do Ajuste de Escala**: os impactos das inúmeras atividades são cumulativos e se originam de fontes pequenas (por exemplo, siltação, lixiviação de nutrientes etc.) ou são transferidas através do tempo e espaço (por exemplo, deposição atmosférica de nitrogênio). O princípio de ajuste de escala é violado porque se torna difícil controlar e regular as fontes de problemas nas escalas apropriadas ou numa escala em particular.

3. **Princípio da Precaução**: estava sendo frequentemente violado como resultado da falta de coordenação e planejamento. Os autores consideram que é muito difícil visualizar quadros amplos de impactos a partir de operações individuais que contribuem para o desequilíbrio costeiro.

4. **Princípio do Manejo Adaptativo**: a estrutura e função dos ecossistemas costeiros devem ser monitoradas para atender aos procedimentos estabelecidos para o manejo adaptativo e os indicadores devem ser desenvolvidos e revistos ao longo do tempo.

5. **Princípio da Alocação Plena de Custos**: estava sendo, frequentemente, difícil alcançar o respeito a este princípio, em função da

dificuldade ou impossibilidade de identificar todos os custos e benefícios (portanto, inclui violação do princípio da participação).

6. **Princípio da Participação Plena**: os habitantes da zona costeira não estavam tomando parte nas decisões a montante (por exemplo, fertilização), mas pagam os custos a jusante (por exemplo, siltação).

Uma avaliação recente (UNEP, 2006) demonstra que os recursos das áreas costeiras encontram-se sob forte pressão: 70% das megacidades com populações acima de 8 milhões de habitantes estão localizadas em regiões costeiras e, em alguns países, 90% do esgoto é lançado diretamente nos oceanos. Além disso, 38% da população humana global vive numa estreita faixa de terra costeira, que representa 7,6% da área total emersa. Há evidências cada vez maiores de que a degradação originada das atividades em terra resulta em grandes custos diretos para a economia e sociedade pelas modificações geradas na zona costeira, levando a perda de hábitats que são vitais para a manutenção da saúde e dos serviços dos ecossistemas.

Muito do que se discutiu em relação à contaminação das águas a partir de ações de origem na terra se aplica também aos casos de desequilíbrios dos ecossistemas costeiros, tanto em relação às comunidades de organismos que vivem nas águas e sedimentos de estuários e baías (GIANESELLA et al., 2008; SOUZA et al., 2008; PAYTAN et al., 2009), como em relação a ações que não atingem diretamente a água e sedimentos submersos, como, por exemplo, a ocupação de terrenos costeiros que representam importantes hábitats de ecossistemas de transição altamente produtivos (SCHMIEGELOW et al., 2008). As ações no sentido do controle da degradação dos ambientes costeiros têm sido tomadas também no âmbito do GPA, por exemplo, mas no caso específico da degradação dos ecossistemas costeiros o gerenciamento costeiro integrado deve ser a meta final.

O paradigma do gerenciamento costeiro integrado tem se difundido a partir de modelos que surgiram nos países industrializados e lentamente têm sido incorporados nos países em desenvolvimento. Mateus et al. (2008), por exemplo, comparam o caso de três sistemas costeiros em diferentes países na América Latina: Argentina, Brasil e Chile, em estágios distintos da aplicação do gerenciamento costeiro integrado, com distintos conflitos de uso da terra e do mar, mas igualados em termos de perda de patrimônio natural. Belchior et al. (2008a, b) relatam as dificuldades observadas para obter o envolvimento de atores locais em projeto participativo de gerenciamento integrado na região estuarina de Santos, Brasil, e Pereira et al. (2008) propõem ferramentas ecológicas para definição de políticas públicas para a mesma região.

No caso dos países em desenvolvimento, mesmo já havendo certa estruturação em termos de gerenciamento costeiro, uma das maiores dificuldades diz respeito à integração da administração das bacias hidrográficas com a administração das zonas costeiras, como observado, por exemplo, na região do sistema estuarino de Iguape-Cananéia, no sudeste do Brasil, onde a região costeira sofre as consequências da introdução excessiva de fósforo, gerada a montante, em atividades industriais (BARRERA-ALBA et al., 2006; BARRERA-ALBA et al., 2007). Esses são exemplos de problemas cruciais que ainda não foram resolvidos em muitos países em desenvolvimento, apesar da necessidade do foco na questão ter sido enfatizada desde a Conferência de Johanesburgo, em 2002 (WSSD, 2002). Nessa ocasião, tornou-se evidente que a saúde dos ambientes costeiros e oceânicos encontra-se ainda dependente diretamente das bacias hidrográficas, dado que 80% da poluição terrestre chega às regiões costeiras por intermédio das bacias, que, em termos mundiais, recebem 90% dos efluentes *in natura*. Daí o tema *Hilltops to oceans* aplicado àquele encontro. No caso da degradação dos ecossistemas costeiros, apesar do paradigma do gerenciamento costeiro integrado já ser aceito por inúmeros países, os resultados de contaminação global dos oceanos por atividades baseadas em Terra demonstram que a aplicação de todos os princípios de Lisboa ainda é insipiente, e tem evoluído em velocidade muito aquém da desejada e necessária, nessa última década.

6.5 Mudanças climáticas

O grupo proponente dos princípios de Lisboa enfatiza o papel primordial dos oceanos no sistema terrestre e as preocupações a respeito das possibilidades das mudanças climáticas provocarem mudanças significativas nas correntes oceânicas. As correntes auxiliam no resfriamento da atmosfera, trazendo águas frias do oceano profundo para a superfície e levando águas mais quentes da superfície para o oceano profundo onde é possível resfriá-las. A relação entre correntes oceânicas e o clima é ilustrada pelo conhecido fenômeno El Niño que ocorre no Oceano Pacífico ao largo da costa da América do Sul. O discurso convencional sobre o clima geralmente atribui a responsabilidade das mudanças climáticas às emissões históricas de gases estufa do mundo industrializado. Constanza et al. (1999) já avaliavam à época, que as emissões dos países menos industrializados estavam aumentando rapidamente e logo excederiam aquelas do Norte e que, numa base *per capita*, as emissões individuais dos cidadãos do hemisfério norte ainda eram muito maiores do que as do hemisfério Sul.

Dois terços da população mundial habitam as zonas costeiras, em função dos benefícios oferecidos por essas regiões. Indiretamente, a proximidade dos oceanos fornece benefícios tais como a moderação do clima e a fertilidade das regiões deltaicas. Diretamente, os oceanos fornecem alimento, transporte e recreação. Costanza et al. (1999) consideram que as mudanças climáticas provavelmente afetarão as regiões costeiras, alterando os padrões de precipitação, aumentando o volume de água doce nos estuários, aquecendo as águas costeiras, aumentando a frequência e severidade de eventos climáticos extremos e alterando a forma da linha de costa por meio da elevação do nível do mar. Portanto, consideram que as mudanças climática promoverão estresses adicionais aos ecossistemas cujas capacidades de fornecer tanto sumidouros como recursos extrativos já se encontram em seu limite. As avaliações frente aos princípios de Lisboa consideraram:

1. **Princípio da Responsabilidade**: estava sendo violado de forma complexa no caso das mudanças climáticas e oceanos. Os critérios de eficiência econômica poderiam sugerir que as ações desenvolvidas nos países menos industrializados deveriam ser prioritárias, mas o critério da responsabilidade individual sugeria que as ações deveriam ser desenvolvidas inicialmente nos países industrializados. Independentemente da culpa pelo aumento das concentrações de gases estufa, o aumento na vulnerabilidade das populações humanas e dos demais organismos às variações climáticas não depende apenas das mudanças no clima, mas também da resiliência dos sistemas que estão sendo afetados pelo clima. No caso das zonas costeiras densamente habitadas, a responsabilidade por sua vulnerabilidade ao clima é claramente tanto local como global. Uma responsabilidade significativa em respeito à se-

veridade dos impactos climáticos nas zonas costeiras, portanto, é das populações humanas que as habitam. No entanto essas populações têm pouco poder sobre decisões das autoridades sobre as questões que influenciam profundamente a saúde dos ecossistemas costeiros, tais como práticas de uso da terra à montante dos rios costeiros e descarga de poluentes nos oceanos.

2. **Princípio de Ajuste de Escala**: O que se depreende dos atuais níveis de CO_2 e condições ambientais gerais é que, mesmo ações efetivas e imediatas para reduzir emissões ao nível global, deverão ainda deixar a Terra comprometida com algum aquecimento. Por exemplo, Costanza et al. (op. cit.) lembram que durante a década posterior à conferência de Toronto, na qual pela primeira vez foi proposta uma redução nas emissões de 20%, a forçante radiativa (o efeito de aquecimento na superfície da Terra) aumentou cerca de meio Watt por metro quadrado – cerca de um terço do aquecimento total – desde o início da revolução industrial. Consideram, em decorrência, que as ações locais para aumentar a resiliência das populações costeiras, naturais e humanas, aos impactos do clima, deve ser uma prioridade. Tais ações teriam maior probabilidade de sucesso quanto mais pudessem integrar as questões das mudanças climáticas com as questões políticas dominantes, como desenvolvimento econômico e segurança nacional.

3. **Princípio da Precaução**: dados os grandes percalços envolvidos nas questões de mudanças climáticas e a possibilidade real de dano ao sistema ecológico de suporte a vida, o princípio precaucionário é violado pela continuidade dos altos níveis de emissões. Os autores apontam que esse princípio é frequentemente invocado para sustentar as metas de redução de emissões e mesmo assim, alguns advogados da redução de emissões têm se mostrado relutantes para exercer a precaução contra a inefetividade dos esforços de redução das emissões. Como Costanza et al. (1999) enfatizam, o aquecimento global se acelerou nos dez anos durante os quais a redução das emissões esteve sendo considerada, e apontam que, durante os anos 1990, apenas a Grã-Bretanha e a Alemanha atingiram as metas voluntárias de reduzir as emissões ao nível de 1990, mas suas realizações foram apenas efeitos colaterais coincidentes de eventos políticos completamente desconectados com as mudanças climáticas. A alta concentração

de populações humanas nas zonas costeiras e a vulnerabilidade particular dos ecossistemas costeiros sugerem que os esforços de precaução e remediação dirigidos à sobrepesca, contaminação de origem terrestre, lançamentos e derrames no oceano e a destruição dos ecossistemas costeiros terão altos custos face às mudanças climáticas no futuro próximo.

4. **Princípio do Manejo Adaptativo**: os autores avaliam que as mudanças climáticas não estavam sendo tratadas numa perspectiva do manejo adaptativo. Particularmente, em face dos impactos das mudanças climáticas (e mesmo que não ocorram mudanças climáticas) o aumento na densidade populacional ao longo das costas imporá pressões adicionais sobre a base de recursos, incluindo a pesca, produtos dependentes de áreas úmidas e ecossistemas e espécies exclusivas. Essas pressões provavelmente resultarão na deterioração das condições de vida para muitos habitantes, especialmente nos países em desenvolvimento. Portanto, os autores consideram a existência de fortes imperativos para adotar estratégias de manejo costeiro integrado, do qual o manejo adaptativo deve ser uma parte que combine respostas às demandas crescentes aos recursos costeiros e oceânicos, de um lado, e as ameaças das mudanças climáticas, de outro.

5. **Princípio da Alocação Plena de Recursos**: quando direcionado às mudanças climáticas os custos e benefícios não estavam sendo alocados com propriedade. Alguns desses custos e benefícios podiam ser facilmente identificados, mas não eram compartilhados pelas partes apropriadas. Outros custos e benefícios de difícil ou mesmo impossível quantificação, eram ainda menos compartilhados pelas partes apropriadas. Assim, os autores mencionam que, no nível local, quando os mercados não estavam operando efetivamente para internalizar custos, o princípio de educação básica de que cada família, empresa, ou comunidade, deve se manter limpo poderia ainda tornar-se operacional por meio de acordos comunitários, monitoramento e execução, como ocorre em regimes efetivos de manejo de propriedades comuns (condominiais). No entanto, as mudanças climáticas evidenciam muitos dos problemas encontrados no nível macro, na valoração de bens não-mercado. Como exemplo, os autores citam que os tornados na Flórida têm alto custo financeiro, mas poucas mortes. Ciclo-

nes em Bangladesh, ao contrário, tem baixo custo, considerando a perda de bens, mas apresentam altas perdas de vidas. Assim enfatizam que, claramente, as pequenas nações-ilha e os países pobres, com áreas costeiras baixas e densamente povoadas, deverão sofrer desproporcionalmente com os impactos das mudanças climáticas.

6. **Princípio da Participação Coletiva**: a escala completa de atores não estava participando dos problemas das mudanças climáticas. As habilidades adaptativas das populações costeiras, frequentemente rurais ou ligadas à pesca e vulneráveis, capacitaram sua sobrevivência sob estresse. Os autores apontam que essas populações possuem conhecimento profundo das condições locais, bem como dos padrões complexos e variados da apropriação e uso dos recursos costeiros e marinhos, mas que, na hierarquia política, raramente estavam recebendo o devido reconhecimento ou participação. Abordagens consultivas e, efetivamente, participativas, que permitam o acesso aos atores locais, poderiam oferecer desafios, mas também trazer inúmeros benefícios em relação à análise e tomada de decisão.

Desde as avaliações de Costanza et al. (1999) para a atualidade, inúmeros relatórios, entre eles MEA (2005), IPCC (2007), WB (2010) entre inúmeros outros, bem como trabalhos científicos específicos, têm apontado para os problemas que continuam a ameaçar os oceanos em decorrência das mudanças globais, a começar pela capacidade dos oceanos em absorve o gás carbônico, que, aparentemente já está atingindo o seu limite em águas superficiais, como se observa pelo aumento da acidez que tem sido verificado. Os oceanos funcionam como um sumidouro fundamental e absorvem cerca de um terço das emissões. Quando os oceanos absorvem o gás, este se dissocia, formando ácido carbônico e tornando o pH da água do mar mais ácido. Essa questão, em última instância, também é decorrente de atividades em terra.

O pH dos oceanos foi tradicionalmente considerado invariável em função da capacidade de tamponamento dos sais dissolvidos na água do mar. Entretanto esse paradigma foi modificado na última década (RUITTIMANN, 2006), em função da entrada de um grande volume de gás carbônico decorrente da queima de combustíveis fósseis e da capacidade do oceano para absorver esses gases estar chegando em seu limite, ao menos se pensarmos em termos de consequências biológicas. Os organismos marinhos atuais estão adaptados a um pH em torno de 8 ou pouco mais. A acidificação dos oceanos já aconteceu pelo menos duas vezes (SBPC, 2010); uma delas foi há 55 milhões de anos, quando uma grande quantidade de metano estocado no fundo do mar se liberou e foi para a atmosfera, resultando em massiva extinção de organismos, principalmente os que tinham cálcio nas estruturas, como os corais. A recomposição levou cerca de 10 milhões de anos. A segunda ocasião foi há cerca de 65 milhões de anos, quando ocorreu a extinção dos dinossauros. A hipótese mais aceita é da colisão de um grande meteorito com a Terra que tenha liberado grandes quantidades de gases que acidificaram os oceanos.

As pesquisas sobre essa questão, nos últimos anos, têm se dedicado a averiguar os efeitos dos baixos pHs, principalmente sobre organismos que têm esqueleto externo de calcita ou aragonita, como corais, pterópodos, cocolitoforídeos etc., e os resultados indicam que esses organismos serão efetivamente os primeiros a sofrer os efeitos da acidificação do oceano (HUTCHINS, 2009).

As consequências desse fenômeno não são ainda bem conhecidas, mas certamente podem ser vastas, uma vez que pterópodos, por exemplo, são organismos chave das cadeias tróficas de médias latitudes e os cocolitoforídeos têm importância significativa no ciclo do enxofre e carbono. Os recifes de coral sustentam uma alta diversidade biológica e o seu desaparecimento (até metade do século, conforme previsto por modelos) terá, certamente, consequências dramáticas. A questão é tão preocupante que a Comissão Europeia fundou, em maio de 2008, o Projeto Epoca (European Project on Ocean Acidification), com o objetivo de entender melhor o problema (SBPC, 2010), e os primeiros resultados apontam para uma redução na produtividade primária e biodiversidade dos primeiros níveis tróficos. Entretanto, estudos envolvendo níveis tróficos superiores são mais difíceis de serem realizados e ainda não será possível prever o reflexo do abaixamento do pH sobre a pesca mundial.

Além disso, há outros fenômenos ocorrendo nos oceanos, como, por exemplo, o aumento das temperaturas das águas de superfície. As consequências desse fenômeno têm sido detectadas regionalmente, como por exemplo declínio do zooplâncton observado através do estudo de Roemmich e McGowan (1995) em águas do sul da Califórnia. Os autores correlacionaram o aumento de cerca de 1,5 °C desde 1951, com aumento na estratificação da termoclina acompanhada de uma redução de cerca de 80% no macrozooplâcton. Verificaram que o menor aporte de nutrientes inorgânicos em decorrência dessa estratificação levou à redução na produção biológica nova¸ que não tem sido capaz de sustentar populações de zooplâncton como anteriormente. Os autores enfatizam que novas elevações de temperatura certamente teriam impactos ainda mais negativos sobre as populações de zooplâncton naquelas águas.

O aumento das temperaturas das águas de superfície parece ser a explicação mais provável, por exemplo, para a recente descoberta de que o fitoplâncton também sofreu uma redução nos últimos cem anos. O fitoplâncton, constituído por microalgas fotossintetizantes, produz quase metade da produção primária do planeta (FIELD et al., 1998) e afeta a abundância e diversidade dos organismos marinhos e, em última instância, estabelece os limites da produção pesqueira (PAULY; CHRISTENSEN, 1995). O fitoplâncton influencia intensivamente os processos climáticos e os ciclos biogeoquímicos, principalmente o ciclo do carbono. Apesar de sua importância, as estimativas de longo prazo sobre a produtividade fitoplanctônica eram muito limitadas porque os métodos de medida são relativamente recentes.

Diversos estudos derivados de dados de cor do oceano obtidos por satélites vêm demonstrando uma redução na produtividade em mar aberto e a expansão dos giros oligotróficos (GREGG et al., 2005; RAITSOS et al., 2005; POLOVINA et al., 2008; VANTREPOTTE; MELIN, 2009), provavelmente em função da intensificação da estratificação vertical e aquecimento das águas de superfície dos oceanos. Recentemente, três cientistas, Boyce, Lewis e Worn (BOYCE et al., 2010) tiveram a ideia – inspirada nos trabalhos de Lewis et al. (1988) e de Falkowski e Wilson (1992) – de confrontar dados de concentração de clorofila obtidos *in situ* com dados transparência da água obtidos como disco de Secchi nos últimos 100 anos. O disco de Sechi é um equipamento constituído por um simples disco branco e serve para medir a transparência da água. O disco é preso a um cabo e mergulhado na água até seu desaparecimento da vista do observador, quando então é medido o comprimento do cabo. Essas medidas simples já eram realizadas por navegantes desde 1899.

As medidas com o disco de Secchi, realizadas em regiões costeiras, sofrem influência de materiais terrígenos, mas medidas realizadas em mar aberto refletem muito bem as concentrações do fitoplâncton. Um total de 445 mil medidas, coletadas entre 1900 e 2008, foi analisado cuidadosamente, correlacionado com as medidas de satélite obtidas nos últimos 30 anos e com as medidas diretas da clorofila presente nas amostras (coletadas desde 1950). O resultado confirma que a quantidade de fitoplâncton varia ao longo de cada ano em função das estações climáticas. Foi também descoberto que existe outro ciclo, de aproximadamente dez anos, que afeta a quantidade de fitoplâncton. Mas o mais importante é que foi possível determinar que, ao longo do último século, a quantidade de fitoplâncton no planeta diminuiu, em média, 1% ao ano. Essa diminuição foi verificada em oito das dez regiões oceânicas do planeta, mostrando que esse declínio deverá ser considerado em estudos futuros do ecossistema marinho, de ciclagem de nutrientes, circulação oceânica e pesca.

O fitoplâncton tem papel essencial no ciclo biogeoquímico do carbono e, em consequência, na determinação do potencial de assimilação do CO_2 pelo oceano (BEHRENFELD et al.; 2001; SABINE et al., 2004), que, consequentemente, pode também estar sendo reduzido.

Outras ameaças dizem respeito, por exemplo, ao efeito do aumento da radiação ultravioleta sobre o fitoplâncton, em decorrência da redução da camada de ozônio (MOHOVIC et al., 2006; ROY et al., 2006). Felizmente, as últimas notícias dão conta de que a camada de ozônio está se recuperando, em decorrência de um maior controle de emissão de gases compostos por CFC (clorofluorcarbono).

O aumento da temperatura da Terra prevê um aumento gradativo do nível do mar, com efeitos colaterais como a invasão de aquíferos de água doce por água salgada, nas áreas litorâneas, perda de áreas úmidas e, consequentemente, aumento da erosão costeira durante tempestades, principalmente, e – uma condição ainda mais terrível – a possibilidade de grandes migrações de populações humanas que habitam ilhas ou áreas costeiras com pequena elevação em relação ao mar.

O aquecimento dos oceanos tende a aumentar a frequência e violência de furacões e tempestades, uma vez que maiores quantidades de calor no oceano e atmosfera tendem a aumentar a velocidade dos processos climáticos. Esses resultados demonstram claramente, para ficarmos em apenas poucos exemplos, exemplos, a necessidade de evolução contínua de indicadores e da importância do princípio do manejo adaptativo (COSTANZA et al., 1999) na questão das mudanças globais. De certa forma, também apontam, ainda, para uma ineficiência em relação ao Princípio da responsabilidade, posto que, mais uma vez, fica evidente o pequeno poder das populações sobre decisões das autoridades em nível local, nacional e global. Esse fato também foi claramente demonstrado pelos resultados da reunião da COP-15 em Copenhague, que não trouxeram resultados concretos em relação a qualquer acordo com efeito legal.

A continuidade da violação do princípio do ajuste de escala fica evidente apenas com esses exemplos. Entretanto, apesar deste princípio parecer sugerir, numa primeira avaliação, que as questões globais devem ser tratadas ao nível de instituições internacionais e tomadores de decisão vinculados ao manejo costeiro regional, nacional ou local, o problema de escala é muito mais complexo, como será discutido no capítulo sobre governança dos oceanos. Apesar das organizações internacionais, e mesmo os governos locais poderem fornecer arcabouços normativos ou legais para a ação, em última instância são as decisões e ações em nível individual, de empresas e comunidades que determinam as emissões de gases estufa. Além disso, as ações que levam a tais emissões são muito variadas e, frequentemente, vinculadas às atividades cotidianas das pessoas, tais como o preparo do alimento, aquecimento e refrigeração das casas e locais de trabalho, bem como transporte. Em decorrência, no nível global o modelo tradicional de manejo ambiental está gradualmente se deslocando em direção ao reconhecimento de que as realidades demandam um modelo diferente de tomada de decisão e operação – um novo modelo de governança ambiental e integração com as questões políticas dominantes, como desenvolvimento econômico e segurança nacional, que ainda não se concretizou. Com relação ao princípio da precaução é evidente que este continua sendo violado, bastando para isso observar os gráficos globais de emissões de gás carbônico em ascensão continuada.

Relativamente ao princípio de alocação plena de recursos, os resultados das últimas conferências internacionais sobre mudanças climáticas demonstram de forma clara a falta de acordo entre os países nesse sentido. Assim, investimentos em tecnologias limpas não têm sido prioridade de investimentos governamentais, retardando sua entrada no mercado, tentativas de conciliar abordagens sobre redução de metas de emissão têm fracassado, e ainda há incompatibilidades de visão sobre ações financiadas por países desenvolvidos do Hemisfério Norte, mas postas em operação por países em desenvolvimento do Hemisfério Sul. Na próxima Conferência das Partes a ser realizada em Cancun, em novembro de 2010, existe alguma expectativa sobre a criação de centros regionais de tecnologias limpas, que utilizariam a verba de 30 bilhões até 2012, definida em Copenhague em 2009, mas, para isso, os países desenvolvidos contam com a efetiva participação de Brasil, China e Índia, uma vez que consideram que a questão das emissões não pode ser resolvida apenas pelos países desenvolvidos, responsáveis por 45% das emissões.

Referências bibliográficas

ANTUNES, P.; SANTOS, R., Integrated environmental management of the oceans. *Ecological Economics*, v. 31, n. 2, p. 215-226, 1999.

BARRERA-ALBA, J. J.; GIANESELLA, S. M. F.; SALDANHA-CORRÊA, F. M. P.; MOSER, G. Influence of an artificial channel in a well preserved sub-tropical estuary. *Journal of Coastal Research*, SI50: p. 1137-1141, 2007.

BARRERA-ALBA, J. J.; GIANESELLA, S. M. F.; MOSER, G.; SALDANHA-CORRÊA, F. M. P.; RICCI, F. P.; TOMA, A. E. F. Anthropogenic eutrophication processes in a well preserved subtropical estuary. In: Tubielewicz, A. (Ed.) *Living marine resources and coastal habitats*. Gdansk, Gdansk University of Technology, 2006, p. 91-98.

BEHRENFELD, M. J.; RANDERSON, J. T.; MCCLAIN, C. R.; FELDMAN, G. C.; LOS, S. O.; TUCKER, C. J.; FALKOWSKI, P. G; FIELD, C. B.; FROUIN, R.; ESAIAS, W. E.; KOLBER, D. D.; POLLACK, N. H. Biospheric primary production during an ENSO transition. *Science*, n. 291, p. 2594-2597, 2001.

BELCHIOR, C. C.; SAMPAIO, A. F. P.; GIORDANO, F.; GASPARRO, M. R.; ARGENTINO-SANTOS, R. C.; SOUZA, E. C. P. M.; FEOLI, E.; GIANESELLA, S. M. F.; SALDANHA-CORREA, F. M. P.; BERZIN, G. Buiding of the decision support system in the Santos estuarine system. In: NEVES, R.; BARETTA, J.; MATEUS, M. (Eds.) *Perspectives on Integrated Coastal Zone Management in South America*. Lisboa, IST Press, p. 457-464, 2008a.

BELCHIOR, C. C.; GIANESELLA, S. M. F.; SAMPAIO, A. F. Difficulties and opportunities found during the implementation of the Ecomanage project in the Santos estuarine system In: NEVES, R.; BARETTA, J.; MATEUS, M. (Eds.). *Perspectives on Integrated Coastal Zone Management in South America.* Lisboa, IST Press, p. 465-470, 2008b.

BOYCE, D. G.; LEWIS, M.; WORM, B. Global phytoplankton decline over the past century. *Nature*, n. 446, p. 591-596, 2010.

BRANDER, K. M. Global fish production and climate change. *Proceedings of National Academy of Science. n.* 104, p. 19709-19714, 2007.

CAMILLI, R.; REDDY, C. M.; YOERGER, D. R.; VAN MOOY, B. A. S.; JAKUBA, M. V.; KINSEY, J. C.; MCINTYRE, C. P.; SYLVA, S. P.; MALONEY, J. V. Tracking hydrocarbon plume transport and biodegradation at Deepwater Horizon *Science*. v. 330, n. 6001, p. 201-204, 2010.

CHADE, J. UE pode suspender exploração em águas profundas. Jornal *O Estado de S. Paulo*, Caderno de Economia, p. B3, São Paulo, 8 out. 2010.

CHASSOT E.; BONHOMMEAU, S.; DULVY, N. K.; MÉLIN, F.; WATSON, R.; GASCUEL, D.; LE PAPE, O. Global marine primary production constrains fisheries catches. *Ecology letters*, n. 13, p. 495-505, 2010.

COSTANZA, R.; ANDRADE, F.; ANTUNES, P.; VAN DEN BELT, M.; BOESCH, D.; BOERSMA, D.; CATARINO, F.; HANNA, S.; LIMBURG, K.; LOW, B.; MOLITOR, M.; PEREIRA, J. G.; RAYNER, S.; SANTOS, R.; WILSON, J.; YOUNG, M. Ecological economics and sustainable governance of the oceans. *Ecological Economics*, n. 31, p. 171-187, 1999.

COSTANZA, R.; D'ARGE, R.; DE GROOT, R.; FARBER, S.; GRASSO, M.; HANNON, B.; LIMBRUG, K.; NAEEM, S.; O'NEILL, R. V.; PARUELO, J.; RASKIN, R. G.; SUTTON, P.; Van DEN BELT, M. The value of the world's ecosystem services and natural capital. *Nature*, v. 387, p. 253-260, 1997.

DIAZ, R. J.; ROSEMBERG, R. Spreading dead zones and consequences for marine ecosystems. *Science*, v. 321, p. 926-929, 2008.

FALKOWSKI, P.; WILSON, C. Phytoplankton productivity in the North Pacific ocean since 1900 and implications for absorption of anthropogenic CO_2. *Nature*, n. 358, p. 741-743, 1992.

FAO (FOOD AND AGRICULTURE ORGANISATION). *Overfishing alert system: a challenge for electronic communication*. FAO Newsroom 20/03/2006. Disponível em: <http://www.fao.org/newsroom/en/news/2006/1000251/index.html>. Acesso em: 8 ago. 2010.

FAO (FOOD AND AGRICULTURE ORGANIZATION). 2008. *Better management for fishing's 'last frontier*. FAO Newsroom 03/09/2008. Disponível em: <http://www.fao.org/newsroom/en/news/2008/1000916/index.html>. Acesso em: 8 ago. 2010.

FIELD, C. B; BEHRENFELD, M. J.; RANDERSON, J. T; FALKOWSKI, P. Primary production of the biosphere: integrating terrestrial and oceanic components. *Science,* n. 281, p. 237-240, 1998.

GIANESELLA, S. M. F. Proteção e valoração dos serviços ambientais e do capital natural do oceano. In: Ribeiro, W. C. *Governança da água no Brasil*. São Paulo, Annablume, Fapesp, CNPq, p. 343-360, 2009.

GIANESELLA, S. M. F.; SALDANHA-CORRÊA, F. M. P.; SOUZA, E. C. P. M.; GASPARRO, M. R. Ecological satus of the Santos estuarine system. In: NEVES, R.; BARETTA, J.; MATEUS, M. (Eds.). *Perspectives on Integrated Coastal Zone Management in South America.* Lisboa, IST Press, p. 183-194, 2008.

GORE, A. *A Terra em balanço*: ecologia e o espírito humano. São Paulo: Gaia, 2008.

GREGG, W. W.; CASEY, N. W.; McLAIN, C. R. Decadal changes in global ocean chlorophyll. *Geophysical Research Letters, n.* 29, p. 1730-1734, 2002.

HUTCHINS, D. A.; MULHOLLAND, M. R.; FU, F. Nutrient cycles and marine microbes in a CO_2-enriched ocean. *Oceanography*, v. 22, p. 128-145, 2009.

IPCC (INTERGOVERNMENTAL PANEL ON CLIMATE CHANGE). *Fourth Assessment Report. Climate Change 2007*. Synthesis Report. 23p. 2007 Disponível em: <http://www.ipcc.ch/pdf/assessment-report/ar4/syr/ar4_syr_spm.pdf>. Acesso em: 15 ago. 2010.

LEWIS, M. R.; KURING, N.; YENTCH, C. Global patterns of ocean transparency: implications for the new production of the open ocean. *Journal of Geophysical Research*, n. 93, p. 6847-6856, 1988.

MATEUS, M.; GIORDANO, F.; MARÍN, V. H.; MARCOVECCHIO, J. Coastal zone management in South America with a look at three distinct estuarine systems. In: NEVES, R.; BARETTA, J.; MATEUS, M. (Eds.) *Perspectives on Integrated Coastal Zone Management in South America.* Lisboa, IST Press, 2008, p. 43-58.

MEA (MILLENNIUM ECOSYSTEM ASSESSMENT). *Ecosystems and human well-being*: Synthesis. Washington: Island Press.UN. 2005. Disponível em: <http://www.millenniumassessment.org/en/index.aspx>. Acesso em: 3 maio 2010.

MOHOVIC, B; GIANESELLA, S. M. F.; LAURION, I.; ROY, S. UVB-photoprotection efficiency of mesocosm-enclosed natural phytoplankton communities from different latitudes: Rimouski (Cananda) and Ubatuba (Brasil). *Journal of Photochemistry and Photobiology*, v. 82, 2006, p. 952-961.

NOSSITER, A. Vazamentos de petróleo assolam costa nigeriana. "The New York Times". p. 3. In: Jornal *Folha de S. Paulo*, São Paulo, 28 jun. 2010.

PAULY, D.; CHRISTENSEN, V. Primary production required to sustain global fisheries. *Nature*, n. 374, 1995, p. 255-257.

PAYTAN, A.; MACKEY, K. R. M.; YING CHEN, Y.; LIMA, I. D. ; DONEY, S. C.; MAHOWALD, N.; LABIOSA, R.; POST, A. F. Toxicity of atmospheric aerosols on marine phytoplankton. *Proceedings of National Academy of Sciences*, USA, n. 10, p. 4601-4605, 2009.

PEREIRA, C. D. S.; CESAR, A.; BORGES, R. P.; GIANESELLA, S. M. F.; SOUZA, E. C. M. P.; SALDANHA-CORREA, F. M. P.; GASPARRO, M.; BERZIN, G.; RIBEIRO, R. B.; FIORI, E. F. Potencial use of ecological tools to direct public policies: na integrative approach in the Santos estuarine system. In: NEVES, R.; BARETTA, J.; MATEUS, M. (Eds.). *Perspectives on Integrated Coastal Zone Management in South America.* Lisboa, IST Press, p. 445-456, 2008.

POLOVINA, J. J; HOWELL, E. A.; ABECASSIS, M. Oceans's least productive waters are expanding. *Geophysical Research Letters*, n. 35, LO3618, 2008.

RAITSOS, D. E.; REID, P. C.; LAVENDER, S. J.; EDWARDS, M.; RICHARDSON, A. J. Extending the SeaWiFS chlorophyll data set back 50 years in the northeast Atlantic. Geophysical Research letters, n. 32, p. 1-4, 2005.

ROY, S.; MOHOVIC, B.; GIANESELLA, S. M. F.; SCHLOSS, I.; FERRARIO, M.; DEMERS, S. Effects of enhanced UVB on phytoplankton biomass and composition of mesocosm-enclosed natural marine communities from three latitudes. *Journal of Photochemestry and Photobiology*, v. 82, p. 909-922, 2006.

ROEMMICH, D.; McGOWAN, J. Climatic warming and the decline of zooplankton in the California current. *Science*, n. 267, p. 1324-1326, 1995.

RUITTIMANN, J. Sick Seas. *Nature*, v. 442, n. 3, p. 978-980, 2006.

SABINE, C. R.; FEELY, R. A.; GRUBER, N.; KEY, R. M.; LEE, K.; BULLISTER, J. L.; WANNINKHOF, R.; WONG, C. S.; WALLACE, D. W. R.; TILBROOK, B.; MILLERO, F. J.; PENG, T. H.; KOZYR, A.; ONO, T.; RIOS, A. F. The Oceanic Sink for Anthropogenic CO_2. *Science*, n. 305, p. 367-371, 2004.

SBPC (SOCIEDADE BRASILEIRA PARA O PROGRESSO DA CIÊNCIA). Aquele outro problema do CO_2. JC, *Jornal da Ciência*. 10 out. 2010. Disponível em: <http://www.jornaldaciencia.org.br/Detalhe.jsp?id=73387>. Acesso em: 14 set. 2010.

SCHMIEGELOW, J. M. M.; GIANESELLA, S. M. F.; SIMONETTI, C.; SALDANHA-CORRÊA, F. M. P.; FEOLI, E.; SANTOS, J. A. P.; SANOTWS, M. P.; RIBEIRO, R. B.; SAMPAIO, A. F. P. Primary producers in Santos estuarine system. In: NEVES, R.; BARETTA, J.; MATEUS, M. (Eds.) *Perspectives on Integrated Coastal Zone Management in South America*. Lisboa: IST Press, 2008. p. 161-174.

SCHINDLER, D. W. Replication versus realism: the need for ecosystem-scale experiments. *Ecosystems*, n. 1, p. 323-334, 1998.

SEITZINGER, S. P.; MAYORGA, E. Linking watersheds to coastal systems: a global perspective on river inputs of N, P e C. OCB NEWS, v. 1, n. 1, p. 8-11, 2008.

SOUZA, E. C. M. P.; CESAR, A.; GASPARRO, M. R.; ARGENTINO-SANTOS, R. C.; ZARONI, L. P.; PEREIRA, C. D. S.; BERGAMAN FILHO, T. U.; OLIVEIRA, L. F. J. Sediment quality of the Santos estuarine system. In: NEVES, R.; BARETTA, J.; MATEUS, M. (Eds.). *Perspectives on Integrated Coastal Zone Management in South America*. Lisboa: IST Press, p. 195-204, 2008.

TIAGO, G. G. *Mitos das Águas*: a cultura haliêutica e seus poderosos significantes ancestrais. E-Book ISBN n. 978-85-906936-6-6, 2010. Disponível em: <http://www.almalivre.org/html/livros.html>. Acesso em: 12 out. 2010.

UNEP (UNITED NATIONS ENVIRONMENTAL PROGRAMME). *Key outcomes of the 2nd intergovernmental review of the global programme of action*. 2006. Disponível em: <http://www.gpa.unep.org/documents/igr2_key_outcomes_english.pdf>. Acesso em: 8 ago. 2010.

UNEP (UNITED NATIONS ENVIRONMENTAL PROGRAMME). *The global programme of action for the protection of the marine environment from land-based activities*, 2010. Disponível em: <http://www.gpa.unep.org>. Acesso em: 8 ago. 2010.

UNEPFI (UNITED NATIONS ENVIRONMENTAL PROGRAMME FINANCE INICIATIVE). *Universal Ownership*: Why environmental externalities matter to institutional investors. 2010. Disponível em: <http://www.unepfi.org/fileadmin/documents/universal_ownership.pdf>. Acesso em: 8 out. 2010.

VANTREPOTTE, V.; MELIN, F. Temporal variability of 10-year global SeaWiFStime-series of phytoplankton chlorophyll-a concentration. ICES, *Journal of Marine Science*, n. 66, p. 1547-1556, 2009.

WARE, D. M.; THOMSON, R. E. Bottom-up ecosystem trophic dynamics determine fish production in the Northeast Pacific. *Science*, n. 308, p. 1280-1284, 2005.

WB (WORLD BANK), 2010. *World development report*. Disponível em: <http://econ.worldbank.org/WBSITE/EXTERNAL/EXTDEC/EXTRESEARCH/EXTWDRS/EXTWDR2010/0,,menuPK:5287748~pagePK:64167702~piPK:64167676~theSitePK:5287741,00.html>. Acesso em: 13 set. 2010.

WSSD (WORLD SUMMIT ON SUSTAINABLE DEVELOPMENT). A guide to oceans, coasts and islands at the world summit on sustainable development. *Integrated Management from Hilltops to Oceans*. Johannesburg, 26 ago.-4 set., 2002.

7 A governança necessária

A degradação dos ecossistemas raramente poderá ser revertida sem ações dirigidas não só às forçantes diretas, como também às forçantes indiretas (fatores socioeconômicos, políticos, culturais etc.) que determinam o nível de produção e consumo dos serviços ecossistêmicos. Em função disso, qualquer tentativa para lidar com essa realidade se torna um processo altamente complexo. Apesar de todos os esforços realizados até o momento, os sistemas atuais de governança ambiental têm se mostrado inadequados e têm levado à degradação do ambiente, como demonstram os relatórios recentes de avaliação global (MEA, 2005; IPCC, 2007; UNEPFI, 2010; WB, 2010, entre outros).

Quando direcionamos o foco para regiões costeiras, que representam a interface terra-oceano, é possível verificar que muitos dos ambientes que aí se encontram (estuários, marismas, manguezais) constituem ecossistemas que apresentam as maiores produtividades ecológicas por unidade de área do planeta. Além disso, como já apresentado anteriormente, esses ambientes exercem inúmeros serviços ambientais, tais como filtração e depuração de substâncias tóxicas vindas de áreas terrestres, ciclagem de nutrientes e oferecem uma ampla diversidade de hábitats, proteção e alimentação a formas juvenis de organismos marinhos. Mas as áreas costeiras costumam também abrigar inúmeras atividades humanas conflitantes com os serviços ambientais fornecidos.

A ocorrência de conflitos é frequente também entre as próprias atividades humanas, como, por exemplo, ocupação urbana, industrial, turística, pesca, portuária e de exploração de petróleo e gás. Não é demais lembrar que, em termos de áreas de proteção, apesar de os oceanos comporem mais de 70% da superfície terrestre, apenas uma pequena porcentagem (cerca de 1%) dessa área encontra-se sob proteção legal, em comparação com quase 9% da área terrestre (WSSD, 2002).

Outra questão importante diz respeito à necessidade de desenvolvimento de indicadores consistentes da capacidade suporte de áreas estuarinas e costeiras (EEA, 1999), capazes de fornecer cenários confiáveis à implantação de futuras atividades antrópicas, pois a possibilidade de desenvolvimento sustentado será função das especificidades hidrológicas e morfométricas dos estuários, particularmente do tempo de residência das águas e de sua capacidade de diluição. Entretanto, a deterioração da qualidade do meio resulta em depreciação do capital natural de uma dada região, limitando seus futuros usos e dificultando o gerenciamento de seus recursos.

No que diz respeito ao mar aberto, o aumento dos conflitos internacionais de ordem econômica e a aceleração dos impactos têm sido grandes e continuados. As questões de ordem econômica estão sendo administradas globalmente pela Convenção da Lei do Mar (UN, 1982), que legisla sobre águas territoriais, rotas de navegação e exploração de recursos vivos e não vivos desde 1994, quando entrou em vigor. Entretanto, a necessidade de novos tratados internacionais, cada vez com maior frequência, tornou premente uma mudança de paradigmas na tentativa de maior governança do planeta.

Dessa forma, um conjunto efetivo de respostas que garanta a gestão sustentável dos oceanos terá de levar em conta todas essas pressões e ter uma abordagem ecossistêmica, de forma que as decisões sejam tomadas com base na avaliação integrada do ecossistema e não apenas centrada no Homem. No entanto, apesar da dependência humana em relação aos ecossistemas ser óbvia, e das evidências da sua crescente vulnerabilidade face às mudanças ambientais, a integração de considerações sobre a capacidade dos ecossistemas em decisões relacionadas com o desenvolvimento ainda permanece um desafio.

De acordo com o Millenium Ecosystem Assessment (MEA, 2003), as regiões oceânicas são as que ainda exigem as mais profundas mudanças institucionais e comportamentais da sociedade uma vez que, para as regiões costeiras, preceitos no sentido de uma gestão costeira integrada (*vide* UNEP, 1995; GESAMP, 1996; WB, 1996; FAO, 1998, entre outros), já se encontram razoavelmente consolidados. Entretanto, podemos considerar que essa posição seja verdadeira apenas em relação às mudanças teóricas de paradigmas, uma vez que, apesar da existência de modelos de gestão costeira integrada razoavelmente consolidados, a sua adoção efetiva pelos países ainda não é um fato que tenha resultados demonstrados claramente, como evidenciado nos relatórios mais recentes, como MEA (2005), IPCC (2007), UNEPFI (2010), WB (2010) entre outros.

Exemplos de esforços para proteger o ambiente oceânico e melhorar as condições de vida em países em desenvolvimento têm ocorrido, e mostram que esses dois aspectos podem se beneficiar mutuamente. Assim, há relatos, por exemplo, de projetos financiados pelas Nações Unidas e The Nature Conservancy para a região do Pacífico Asiático com resultados muito positivos: reservas marinhas bem manejadas, com suporte local, puderam reduzir significativamente a pobreza e melhorar a qualidade de vida das comunidades locais, conforme estudo realizado por Leisher et al. (2007). Esse caso demonstra, de forma inconteste, que a conservação e bem-estar humano estão indelevelmente ligados, pois ficou evidente que os passos tomados na direção de proteger a vida dos sistemas naturais forneceram claros benefícios às pessoas e ao ecossistema.

Os serviços ambientais realizados pelo oceano como um todo, porém, vão muito além desses apresentados para as regiões costeiras e sua quantificação e valoração são ainda desafios de horizontes de resolução mais distante, dada a complexidade dos processos e interações envolvidos. Esses serviços englobam: o controle climático da Terra, por meio das trocas de calor entre oceano e atmosfera; a manutenção do albedo terrestre; a ação da denominada bomba biológica (que envolve o balanço de gases realizado pela fotossíntese e a produção de núcleos de condensação de nuvens pelo fitoplâncton); a ciclagem biogeoquímica de nutrientes; a diluição e autodepuração de substâncias nocivas introduzidas pelo homem; e o reservatório de biodiversidade e ecossistemas – dos quais depende o funcionamento do planeta –, entre outros.

Durante os últimos 60 anos, a legislação oceânica apresentou uma grande evolução. Nesse período, ocorreram três conferências das Nações Unidas, incluindo os nove anos da terceira Unclos – uma das negociações mais longas daquele órgão. Freestone (2008) comenta o grande contraste entre os tópicos relevantes da Geneva Convention on Fishing and the Conservation of Living Resources of the High Seas, realizada em 1958, com aqueles da Law of the Sea Convention, de 1982, que revela as mudanças no pensamento moderno sobre a pesca e a conservação da biodiversidade.

Enquanto na convenção de 1958 os oceanos eram vistos meramente como fonte de alimento, a convenção de 1982 estabelece um novo princípio, uma obrigação de todos os Estados para proteger e preservar o ambiente marinho, bem como a obrigação adicional de proteger e preservar as espécies raras e frágeis e os ecossistemas de todo o oceano. Também adota uma abordagem bem distinta em relação aos recursos vivos de alto-mar, obrigando todos os Estados à cooperação mútua para manter e restaurar populações de espécies sobrepescadas, demonstrando que a liberdade de pesca não é um direito, mas sim está submetida a condições e obrigações. Essa nova postura demonstra claramente uma preocupação geral com o ambiente que não existia até então.

Em reconhecimento a essas mudanças de prioridades internacionais, Freestone (2008) propõe dez princípios como ponto de partida para a identificação de princípios gerais de governança dos oceanos, que podem ser reconhecidos como aplicados a atividades que podem afetar o ambiente marinho ou a biodiversidade:

1. Liberdade condicional de atividades no alto-mar;
2. Proteção e preservação do ambiente marinho;
3. Conservação dos recursos marinhos e biodiversidade de alto-mar;
4. Uso sustentável e equitativo;
5. Cooperação;
6. Abordagem precaucionária;
7. Abordagem ecossistêmica;
8. Uso da melhor ciência disponível;
9. Transparência;
10. Responsabilidade dos Estados para controlar as ações dos seus cidadãos e consequências pela violação de obrigações internacionais legais.

Esses princípios, adotados posteriormente pela **International Union for Conservation of Nature** (IUCN) como uma Declaração de Princípios Gerais de Governança Moderna dos Oceanos, são, de certa forma, bastante similares e vão ao encontro àqueles propostos por Costanza et al. (1999).

Entretanto, os sucessivos insucessos das conferências mundiais no sentido de promover um acordo sobre a questão das metas das emissões de gases estufa, hoje o principal problema de caráter global, e na obtenção e uso de recursos têm levado a um questionamento da comunidade vinculada às questões das mudanças globais sobre a adequação da existência de uma estrutura internacional encarregada de enfrentar tais desafios.

O maior desafio das mudanças climáticas trata da questão de tomar decisões imediatas no âmbito político e econômico num momento em que as consequências das ações antrópicas ainda não são experimentadas com clareza. Os riscos a serem enfrentados, entretanto, implicam em última instância em ações que irão demandar não apenas muitos recursos, mas também enfrentamentos sociais, como as migrações em massa e consequentes conflitos em escala global, e dizem respeito a todos, ricos e pobres.

Os efeitos globais, apesar de anunciados como cenários muito prováveis pelos cientistas, ainda não estão claramente visíveis, pois se tornam aparentes em escala de décadas, tornando desafiador o processo de convencimento das lideranças políticas.

Já em 2005, Stern (STERN, 2010) avaliou que na cúpula do G8, realizada em julho de 2005 em Gleneagles, Reino Unido, as opções estratégicas e políticas em respeito às mudanças climáticas não foram apresentadas ou examinadas com rigor em relação aos indícios existentes apresentados pelos cientistas. À época, não houve consenso sobre o que poderia se concretizar de fato em relação aos indícios existentes. Nesse contexto político, foi lançado o Relatório Stern (STERN, 2007), que apresentava uma análise econômica sob a perspectiva internacional baseada em sólidos fundamentos dos princípios e experiências de elaboração das políticas públicas e sobre a magnitude devastadora dos riscos identificados pela ciência, sugerindo políticas e estratégias que poderiam auxiliar na administração desses riscos. O relatório, por outro lado, já apontava as possibilidades de gerenciamento dos riscos, mas também para a necessidade de um acordo global¸ uma vez que se trata de um problema global em sua origem e impacto.

Sob a ótica de Stern (2010), uma resposta ao desafio global da mudança climática exige a colaboração internacional numa escala sem precedentes: exige um acordo global, para o qual aponta os principais elementos, analisando os riscos, custos das ações e tecnologias para se alcançar as metas globais e os planos de ação ao longo do tempo. Também considera que os elementos chave de tal acordo envolvem metas, comércio e financiamento e separa metas globais, metas dos países ricos e metas, condições e *timing* dos países em desenvolvimento. Considera que o motivo essencial pelo qual o comércio internacional de emissões deveria ser elemento-chave de um acordo global é o fato de englobar três princípios pelos quais o próprio acordo, como um todo, deve ser estabelecido. Em primeiro lugar, impõe um limite absoluto às emissões e, portanto, clareza nas reduções; isso propicia eficácia. Em segundo lugar, a concorrência e o mercado buscarão as maneiras mais baratas de reduzir emissões; isso proporciona eficiência. Em terceiro lugar, a estrutura de cotas, junto com a exploração de opções de reduções de emissões de custo baixo nos países em desenvolvimento, pode gerar financiamento do setor privado para países em desenvolvimento, ajudando-os a crescer com baixa emissão de carbono; isso gera equidade.

De acordo com Stern, esses fluxos financeiros podem proporcionar o "amálgama" necessário a um acordo global. Esse tipo de proposta dificilmente será atingida com um sistema que se apóia na tributação e regulamentação nacionais: exige o desenvolvimento de mercados internacionais que abranjam a ligação entre os esquemas de comércio dos países ricos, já que, de início, se desenvolverão com mais força, pois já assumiram obrigações explícitas de redução sob os termos do protocolo de Kyoto e devem abrir caminho para as reduções nos arranjos pós-Kyoto.

Além dos elementos do acordo que tratam das metas de redução de emissões e comércio de carbono, Stern (2010) menciona outros três pontos essenciais: desmatamento, tecnologia e adaptação, que envolvem financiamento. Para isso, sugere, inclusive, valores como ponto de partida para a próxima década, uma vez que qualquer acordo global deve partir da possibilidade real tanto da criação de um acordo abrangente quanto de sua sustentação. Esse é um dos motivos pelos quais os três princípios, da eficácia, eficiência e equidade são tão importantes como alicerce de idéias norteadoras na elaboração do acordo – se qualquer desses princípios for violado de maneira grave e consistente, será muito difícil chegar a um consenso e mantê-lo.

Entretanto, Stern deixa claro que apenas uma boa estrutura de desenvolvimento não basta para elaborar e sustentar tal acordo. Estimular o consenso entre países é um processo altamente político, em que interesses próprios, percepções incorretas e más intenções podem desempenhar papéis importantes. Além disso, tais negociações irão sempre transcorrer ao longo de altos e baixos da economia internacional e mudanças nas lideranças políticas, ciclos eleitorais e sentimentos no mundo inteiro, o que exigirá um trabalho intensivo para criação de um espírito de colaboração mais profundo e amplo do que o que assistimos até hoje.

Por outro lado, Giddens (2009) afirma que as discussões das relações internacionais relativa às mudança climática tendem a ser de dois tipos: por um lado, há muitos trabalhos sobre mecanismos para se alcançar acordos internacionais para conter emissões; por outro lado, um número crescente de estudos busca analisar as implicações das mudanças climáticas para a geopolítica, e argumenta que é necessário que essas duas preocupações sejam tratadas de modo muito mais próximo e interligado do que ocorre atualmente. Além disso, lembra que energia, – especialmente o petróleo, e as lutas centradas sobre ele – fornecem um dos principais pontos de conexão entre esses tópicos. Considera que esforços no sentido de responder às mudanças climáticas podem dar ideia de que intrinsecamente está havendo contribuição para uma colaboração internacional, mas os processos e interesses promovendo divisões ainda são fortes. A questão do derretimento do Ártico é um bom exemplo nesse sentido, pois, quando a área era apenas um campo de gelo, havia considerável cooperação internacional nas atividades que ali se desenvolviam, que eram principalmente de caráter científico. O fato de a navegação na região se tornar possível, bem como a exploração de novos campos de petróleo, gás e recursos minerais, levou à divisão de interesses e a um atrito internacional, felizmente de natureza restrita.

As questões relativas à mudança climática, especialmente em conjunção com a crescente escassez de recursos de energia podem tornar os riscos militarizados e dominados por questões de segurança. O resultado pode ser a progressiva deterioração do processo de colaboração internacional, o que resultaria na anulação das metas de redução de emissões e poderia levar a uma luta competitiva pelos recursos, exacerbando as tensões e divisões já existentes.

Giddens (op. cit.) menciona que uma série de caminhos poderia levar a conflitos violentos. Por exemplo, líderes políticos podem utilizar as tensões induzidas pelas mudanças climáticas para ganhar ou manter o poder em lutas internas – por exemplo, migrantes podem ser usados como bodes espiatórios em negociações. Em áreas fragilizadas do mundo, um país enfraquecido pelas consequências das mudanças climáticas pode se tornar vulnerável a ataques por vizinhos que buscam tirar vantagens dos problemas do país. Outra possibilidade é de conflitos armados entre Estados interessados a assegurar recursos onde a demanda ultrapassa a oferta. Essa é uma situação muito provável em situações em que os piores cenários de mudança climática venham a acontecer. Assim, avalia que, justamente no momento em que o mundo mais necessita de uma governança efetiva, as instituições internacionais parecem mais fracas do que costumavam ser há alguns anos. As Nações Unidas tiveram papel fundamental nas lutas contra as mudanças climáticas, particularmente por meio do IPCC, que tem sido a maior força propulsora da preocupação internacional sobre o aquecimento global. Além disso, a ONU tem poucos recursos financeiros, e pode ser paralisada por um bloco de nações ou mesmo por uma única nação, especialmente no Conselho de Segurança. Um mundo mais multipolar poderia, certamente, fornecer um melhor balanço para cooperação, mas isso também pode facilmente produzir divisões e conflitos sem qualquer árbitro que possa resolvê-los.

Entretanto, Gore (2008) lembra que, apesar de inexistirem precedentes para uma reação orquestrada global como a exigida atualmente, a história nos oferece pelo menos um exemplo de esforço cooperativo: o Plano Marshal. Várias nações, algumas ricas, outras relativamente pobres, engrandecidas por um objetivo comum, uniram-se para reorganizar toda uma parte do mundo e mudar seu estilo de vida, o que foi alcançado com grande êxito. Apesar de que, em geral, se considera que o Plano Marshall foi uma estratégia para fortalecer a Europa com o intuito de resistir ao avanço do comunismo, Gore menciona as avaliações de Charles Maier e Stanley Hoffman que ressaltam o caráter estratégico do plano, com sua ênfase nas causas estruturais que estavam impossibilitando a Europa de sair do caos social, político e econômico. Assim, o plano concentrou-se em eliminar gargalos que tolhiam o potencial de crescimento de cada país e durou o suficiente para funcionar como uma reorientação básica, e não apenas como ajuda de emergência ou qualquer outro programa de "desenvolvimento", facilitando o surgimento de um padrão econômico saudável. Nesse sentido, Gore advoga que neste momento uma ação similar deve ser tomada em caráter global a fim de atender as exigências humanas e incentivar o progresso econômico sustentado. Este novo plano exigirá que as nações ricas distribuam recursos, tanto para transferir tecnologias ambientalmente úteis ao Terceiro Mundo quanto para ajudar nações pobres a conseguir uma população estável e um novo padrão de progresso econômico sustentável. Para dar resultados, contudo, tal esforço também exigirá que os países ricos façam sua própria transição, que, em alguns casos, será mais violenta que a do Terceiro Mundo, simplesmente porque serão rompidos padrões firmemente estabelecidos. Isto, evidentemente, gera resistências, mas segundo Gore, essa transição é possível e necessária.

De acordo com Elinor Ostrom (2007), ganhadora do prêmio Nobel da Paz em Economia em 2009, há pouco tempo, o discurso da descentralização era dominante, e considerado uma panaceia; por outro lado, a existência dessa estrutura centralizadora está bem consolidada e muitos ainda acreditam que seja a única via de enfrentamento, como proposto por meio da teoria convencional da **ação coletiva** (*sensu* OLSON, 1965). Assim, Ostrom (2009; 2010), tem proposto recentemente uma visão policêntrica da questão, isto é, uma abordagem que envolve esforços nas escalas local, regional e global visando a solução de problemas decorrentes dos impactos antrópicos sobre as mudanças climáticas.

A crença de que o próprio governo é o melhor caminho para gerir os recursos naturais tem levado, em alguns casos, a uma acentuada redução nesses recursos, como no caso de florestas, por exemplo. A completa descentralização, por outro lado, é um engano tanto quanto a afirmativa de que a solução para o manejo dos recursos é a centralização, posto que o manejo local tem seus benefícios, mas não apresenta a agilidade e autoridade para resolver todos os problemas. Impor a descentralização como uma solução, sem um entendimento apropriado da sociedade local, tem desencadeado conflitos étnicos, posto que os sistemas socioecológicos são complexos e aninhados, e os usuários dos recursos ao redor do mundo apresentam grande diferença em suas preferências e percepções.

Na avaliação de Ostrom, os acontecimentos da década passada permitem verificar que oceanos e atmosferas são fundamentalmente diferentes em se tratando de aplicar estratégias locais para resolver problemas globais. Para os oceanos ainda há poucos experimentos em escala local que permitam sua aplicação globalmente. O manejo de comunidades funciona bem no caso de pesca costeira tradicional, por exemplo, onde as pessoas se conhecem, vendem seu peixe no local e assim podem monitorar todo o processo. Numa escala global, atingir esse resultado ainda é difícil. No caso da atmosfera, ações individuais e da comunidade podem ter impacto global. Por exemplo, a redução de uma grande quantidade de energia direcionada para o aquecimento de edifícios pode ser muito efetiva na redução das emissões globais e gases estufa. Portanto, ações na escala local não resolvem necessariamente problemas globais; as ações globais também são necessárias, mas é possível caminhar muito local e regionalmente. A crença na importância das ações apenas em escala global pode induzir à inação na escala local, mas os esforços devem ser encorajados em todas as escalas: local, regional e global.

A abordagem policêntrica proposta por Ostrom advoga sistemas multinível, complexos, para tratar um problema multinível, complexo, como é o das mudanças climáticas. Dada a natureza do problema, a construção do sistema requerido para executar esta abordagem certamente demanda tempo, mas reconhecer tal necessidade já é suficientemente importante. Enquanto isso, as abordagens experimentais com diversos formatos institucionais devem ser monitoradas de forma que se possa aprender com esses experimentos e incorporar os melhores resultados. A modelagem matemática pode funcionar bem para algumas questões, mas frequentemente não funciona bem em sistemas complexos e na avaliação de escolhas políticas. Ações concretas e experimentação, por outro lado, podem auxiliar a entender porque mudanças funcionam em alguns contextos particulares e não em outros.

Além da discussão sobre o modo de abordagem, não se pode deixar de mencionar outra questão enfatizada por diversos pensadores da questão da complexidade (KUHN, 1987; MORIN, 2008, entre outros). Trata-se da necessidade de romper a estanqueidade das diferentes disciplinas, que lidam com os sistemas sob seus próprios enfoques, por meio do desenvolvimento de uma linguagem comum que percorra todas as disciplinas socioecológicas a fim de se atingir o verdadeiro diálogo.

7.1 Conclusões

As projeções atuais indicam que a população humana deve dobrar nos próximos 50 anos. Assim, o desafio que se impõe ao planeta é urgente e os oceanos terão um importante papel nesse processo de prover recursos para atender à crescente demanda por alimentos, energia e minerais, além de todos os serviços de regulação do clima e mediação de processos biogeoquímicos que sempre desempenhou. O relatório do IPCC (2007) alerta para a necessidade de tornar mais resilientes, tanto os sistemas naturais quanto o sistema social, por meio da construção de **capacidade adaptativa**, que diz respeito à capacidade de instituições, sistemas e indivíduos se ajustarem a danos potenciais e tirarem vantagem de oportunidades ou arcarem com as consequências de um ambiente em transformação

Entretanto, inúmeras questões se colocam a respeito de como atingir essa capacitação, isto é, em termos de quais seriam as características necessárias para os sistemas socioeconômico-ecológicos e se podemos identificar abordagens com potencial de sucesso para construir essas capacidades adaptativas. Também é preciso estabelecer se sistemas e sociedades requerem abordagens específicas ou não, bem como se há necessidade de uma estratégia global de ação para responder a todos esses desafios e, nesse caso, se isso será possível. Não se sabe ainda se há elementos subjacentes a todas as estratégias, a despeito de localização e cultura da sociedade.

Ainda se discute se as estratégias regionais, nacionais e globais existentes serão suficientes para dar cabo da tarefa ou se novas estratégias de governança precisarão ser desenvolvidas. Dois discursos opostos, o da centralização, baseado na teoria convencional da ação coletiva, com ações já estabelecidas, mas com poucos resultados concretos nos últimos anos, e o da descentralização, que se tornou dominante, e considerado uma panaceia inicialmente, mas também com resultados pouco aplicáveis em escala global, estão sendo substituídos por novas propostas no sentido de uma abordagem policêntrica da questão (OSTROM, 2009; 2010), isto é, uma abordagem que envolve esforços simultâneos nas escalas local, regional e global visando a solução de problemas decorrentes dos impactos antrópicos sobre os recursos naturais e das mudanças climáticas.

Esta abordagem parece particularmente adequada na questão dos oceanos, pois, como avaliado por Ostrom, os acontecimentos recentes demonstram que oceanos e atmosfera apresentam resultados fundamentalmente distintos em resposta à aplicação de estratégias locais para resolver problemas globais. No caso dos oceanos, apenas um pequeno número de experimentos locais permite aplicação em escala global, ao contrário do que se observa em relação aos problemas atmosféricos.

A abordagem policêntrica é construída com base em sistemas complexos e multinível, de forma plenamente compatível aos problemas que pretende abordar, também com as mesmas características. Apesar da construção de tal estrutura ser lenta, dada a natureza complexa do problema, aparenta representar a melhor solução no caso dos oceanos. A incorporação continuada dos resultados de experimentos em diversos formatos institucionais é fundamental para o sucesso das ações, uma vez que a modelagem matemática ainda não se comprovou eficiente na avaliação de escolhas políticas. Mas é certo, por outro lado, que será necessário conectar interesses locais às necessidades globais a fim de se construir comunidades fortes com objetivos compartilhados.

A criação de um fundo global de carbono poderá criar uma dinâmica vital para a mudança de perspectiva e construção de um sistema de aplicação de investimentos em todos os níveis.

A construção da governança também passa pela construção de uma linguagem efetivamente interdisciplinar, que consiga ultrapassar as barreiras dos conhecimentos específicos permitindo que estes sejam adotados e incorporados em todos os níveis na solução de problemas complexos exigidos na atualidade. Além disso, qualquer regime de governança que venha a ser considerado deve levar em conta os benefícios econômicos da preservação ambiental.

Apesar de todos esses desafios, é evidente, hoje, que somente por meio da governança eficiente os oceanos poderão atingir a sustentabilidade plena de seus recursos e serviços, assumindo o protagonismo estratégico, ecológico, social, econômico e político que lhe é de direito reservado, frente à sua importância desde o surgimento da vida e para a sobrevivência e bem-estar do homem.

Referências bibliográficas

COSTANZA, R.; ANDRADE, F.; ANTUNESC, P.; Van DEN BELT, M.; BOESCH, D.; BOERSMA, D.; CATARINO, F.; HANNA, S.; LIMBURG, K.; LOW, B.; MOLITOR, M.; PEREIRA, J. G.; RAYNER, S.; SANTOS, R.; WILSON, J.; YOUNG, M. Ecological economics and sustainable governance of the oceans. *Ecological Economics*, n. 31, p. 171-187, 1999.

COSTANZA, R.; D'ARGE, R.; DE GROOT, R.; FARBER, S.; GRASSO, M.; HANNON, B.; LIMBRUG, K.; NAEEM, S.; O'NEILL, R. V.; PARUELO, J.; RASKIN, R. G.; SUTTON, P.; Van DEN BELT, M. The value of the world's ecosystem services and natural capital. *Nature*, v. 387, p. 253-260, 1997.

EEA (EUROPEAN ENVIRONMENT AGENCY). Environmental indicators: typology and overview. *Technical Report*, Copenhagen, n. 25, 1999.

FAO (FOOD AND AGRICULTURE ORGANIZATION). Integrated coastal area management and agriculture, forestry and fisheries. SCIALABBA, N. (Ed.). *FAO Guidelines*. Rome: FAO – Environment and Natural Resources Service, 1998.

FREESTONE, D. Principles applicable to modern oceans governance. Editorial. *The International Journal of Marine and Coastal Law*, n. 23, p. 385-391, 2008.

GESAMP (IMO/FAO/UNESCO-IOC/WMO/WHO/IAEA/UN/UNEP Joint Group of Experts on the Scientific Aspects of Marine Environmental Protection). The contribution of science to integrated coastal management. *GESAMP Reports and Studies* n. 61. Rome: FAO, 1996.

GIDDENS, A. *The politics of climate change*. Malden: Polity Press, 2009.

GORE, A. *A Terra em balanço*: ecologia e o espírito humano. São Paulo: Gaia, 2008.

IPCC (INTERGOVERNMENTAL PANEL ON CLIMATE CHANGE). 2007. *Fourth assessment report*. Climate change 2007. Synthesis Report. 23p. Disponível em: <http://www.ipcc.ch/pdf/assessment-report/ar4/syr/ar4_syr_spm.pdf>. Acesso em: 15 jun. 2010

KUHN, Thomas. *A estrutura das revoluções científicas*. São Paulo: Perspectiva, 1987.

LEISHER, C.; Van BEUKERING, P.; SCHERL, L. M. *Natures's investiment bank*. How marine protected areas contribute to poverty reduction, 2007. The Nature Conservancy, Australian Government. Disponível em: <http://www.nature.org/initiatives/protectedareas/files/mpa_report.pdf>. Acesso em: 5 maio 2010.

MEA (MILLENNIUM ECOSYSTEM ASSESSMENT). Ecosystems and human well-being: Synthesis. Washington DC: Island Press. UN. 2003. Disponível em: <http://www.millenniumassessment.org/en/index.aspx>. Acesso em: 3 abr. 2010.

MEA (MILLENNIUM ECOSYSTEM ASSESSMENT). Marine and Coastal Ecosystems and human well being. Synthesis. A synthesis report based on the findings of the Millennium Ecosystem Assessment. Nairobi, UNEP/WCMC. 2006. Disponível em: <http://www.unep.org/pdf/Completev6_LR.pdf>. Acesso em: 21 ago. 2010.

MORIN, E. *O método*: 1 – A natureza da natureza. Porto Alegre: Sulina, 2008.

OLSON, M. *The Logic of Collective Action*. Harvard University Press, 1965.

OSTROM, E. *Going beyond panaceas*. Proceedings of the National Academy of Sciences, n. 104, p. 15181-15187, 2007.

OSTROM, E. A polycentric approach for coping with climate change. Policy Research Working Paper WPS. Washington: The World Bank. 54p., 2009.

OSTROM, E. *Polycentric systems for coping with collective action and global environmental change*. Global Environmental Change, in press. 2010. Disponível em: <http://www.sciencedirect.com/science?_ob=ArticleURL&_udi=B6VFV-50P526D-3&_user=10&_coverDate=08%2F03%2F2010&_rdoc=1&_fmt=high&_orig=search&_origin=search&_sort=d&_docanchor=&view=c&_acct=C000050221&_version=1&_urlVersion=0&_userid=10&md5=12e267f9103bdce3a79b4403a0a02a2d&searchtype=a>. Acesso em: 17 set. 2010.

STERN, N. *The economics of climate change*: the Stern review. (CUP, Cambridge), 2007.

STERN, N. O caminho para um mundo mais sustentável: os efeitos da mudança climáticae a criação de uma era de progresso prosperidade. (Trad. Junqueira, A. B.) Rio de Janeiro: Elsevier, 2010.

UN (UNITED NATIONS). 1982. *Convention on the Law of the sea*. Disponível em: <http://www.un.org/Depts/los/convention_agreements/

convention_overview_convention.htm.>. Up dated 21 July 2010. Acesso em: 29 jul. 2010.

UNEP (UNITED NATIONS ENVIRONMENTAL PROGRAMME). Guidelines for integrated management of coastal and marine areas with special reference to the Mediterranean basin. *Unep Regional Seas Reports and Studies*, Nairobi, n. 161, 1995.

UNEP (UNITED NATIONS ENVIRONMETAL PROGRAMME). *Global environment outlook 3*: past, present and future perspectives. Nairobi: Unep, 2002.

UNEPFI (UNITED NATIONS ENVIRONMENTAL PROGRAMME FINANCE INICIATIVE). *Universal Ownership*: Why environmental externalities matter to institutional investors. 2010. Disponível em: <http://www.unepfi.org/fileadmin/documents/universal_ownership.pdf>. Acesso em: 8 out. 2010.

van DEN BELT, M.; COSTANZA, R.; DEMERS, S.; DIAS, S.; FERREYRA, G. A.; GIANESELLA, S. M. F.; KOCH, E.; MOMO, F.; VERNET, M. 2007. Mediated modeling for integrating science and stakeholder: impacts of enhanced ultraviolet-B radiation on ecosystem services. In: TIESSEN, H.; Brklacich, M.; Breulmann, G.; Menezes, R. (Eds.) *Communicating global change science to society*. An assessment and case studies. Scope, Washington, n. 68, p. 179-186.

WB (WORLD BANK). Guidelines for integrated coastal zone management. *Environmentally Sustainable Development Studies and Monographs Series*, n. 9. POST, J. C.; LUNDIN, C. G. (Eds.). Washington: The World Bank, 1996.

WB (WORLD BANK), 2010. *World development report*. Disponível em: <http://econ.worldbank.org/WBSITE/EXTERNAL/EXTDEC/EXTRESEARCH/EXTWDRS/EXTWDR2010/0,,menuPK:5287748~pagePK:64167702~piPK:64167676~theSitePK:5287741,00.html>. Acesso em: 13 set. 2010.

WSSD (WORLD SUMMIT ON SUSTAINABLE DEVELOPMENT). A guide to oceans, coasts and islands at the world summit on sustainable development. *Integrated Management from Hilltops to Oceans*. Johannesburg, 26 ago.; 4 set., 2002.